U0899614

不忘初心 不将就

张笑恒——著

文化发展出版社
Cultural Development Press

图书在版编目（CIP）数据

不忘初心不将就 / 张笑恒著. -- 北京：文化发展出版社，2017.11

ISBN 978-7-5142-1951-7

Ⅰ. ①不… Ⅱ. ①张… Ⅲ. ①成功心理—通俗读物 Ⅳ. ① B848.4-49

中国版本图书馆 CIP 数据核字（2017）第 238578 号

不忘初心不将就

张笑恒 / 著

策　　划：紫云文心 · 缘缘堂　　投稿信箱：kefu@iqqbook.com

责任编辑：冯小伟　　责任设计：侯　铮

责任校对：岳智勇　　责任印制：杨　骏

出版发行：文化发展出版社（北京市翠微路 2 号　邮编：100036）

网　　址：www. wenhuafazhan.com

经　　销：各地新华书店

印　　刷：三河市兴达印务有限公司

开　　本：889mm × 1194mm　1/16

字　　数：259 千字

印　　张：18.5

印　　次：2018 年 3 月第 1 版　2018 年 3 月第 1 次印刷

定　　价：45.00 元

I S B N ：978-7-5142-1951-7

前言

Preface

《华严经》曰："不忘初心，方得始终。"初心，本是禅语，也是我们人生一开始所持有的心态。人之初，性本善。当我们还是小孩子时，总会有一颗纯粹的心，对这个世界充满了好奇，看到的任何东西都是新的，都是真善美的，对任何事物和问题都没有固有的概念，总是以单纯的心去对待。

然而，随着年龄的增长、环境的改变，我们逐渐有了诸多的私人感情和欲望杂念，时常陷入在恩怨算计中。尤其是生活在如今这个功利的年代，很多人多了生活的苟且，少了仰望星空的浪漫；多了老练成熟，少了善良纯真。在漫长的人生路上，我们逐渐迷失了自己，忘记了当初为什么而出发。

作家林清玄先生曾感慨地说："好想回到最单纯的初心，在最空的地方安坐，让世界的吵闹去喧嚣它们自己吧！让湖光山色去清秀它们自己吧！让人群从远处走开或者自身边擦过吧！我只愿心怀清欢，以清净心看世界，以欢喜心过生活，以平常心生情味，以柔软心除挂碍。"

很多时候，是初心给予我们前进的力量。星云大师在他80多岁的时候曾对记者说："我出家做和尚，是自愿的。人生经历这么多挫折，始终不忘记，最初为什么要出家。生活很辛苦，只要你不忘记最初为什么开始，就心甘情愿。不忘初心，就是力量。"我们只有时时拂拭初心，努力保持纯净的初心，才能找到人生的方向，不迷失自己。

每个人都拥有自己的初心，诗人席慕蓉曾言："我一直相信，生命的本相，不在表层，而是在极深的内里。这里的'内里'即为'初心'。"它是人们出生时的第一声啼哭，是恋爱时的第一次萌动，是梦想时的第一次出发。

有人后悔："假如当初我能够一直坚持下去，现在的生活一定不会是眼前的这个样子。"有人感慨："岁月是把杀猪刀，摧毁了我们的生活，磨平了我们的棱角。"既然岁月无法重新来过，那么我们不妨时时记得初心。因为初心，让我们输得起、无所牵挂。保持一颗初心，时时不忘记最初的梦想，不让其因岁月洗涤冲刷而斑驳失色，鼓足勇气，随时准备好去接受、去挑战，并对所有的可能性敞开心扉，无论前路如何艰险，依旧朝着梦想前进。

在生活中，迷茫的时候最好的办法不是贸然尝试，而是静下心来听听自己的心声，想想自己当初选择这条路的初衷，到底是为了名利还是为了兴趣，又或者只是为了生活。心会告诉你，下一步在哪里。或许只有真正做到不忘初心，才能淡然前行。

不忘初心，则心正行直。“亦余心之所善兮，虽九死其尤未悔。”屈原，本被尊为旷世奇才，身兼文韬武略，却因为不愿意做在国君身边虚情假意、污浊世风的人，而被放逐荒野，最终在汨罗江中泣血，陨灭了肉体，却成就了他那含英咀华的英灵。

不忘初心，则淡泊明志 。“三顾频烦天下计，两朝开济老臣心。”诸葛亮，一代名相，权倾天下而朝不忌，功盖一代而主不疑，诸葛亮一生追随刘备南征北战，辅佐刘禅治理内忧外患，鞠躬尽瘁、死而后已，因为他始终思报刘备的知遇之恩。

不忘初心，则洒脱豪放。“安能摧眉折腰事权贵，使我不得开心颜。”李白，酒入豪肠，七分酿成了月光，剩下的三分啸成剑气，绣口一吐就半个盛唐。他不忘初心，不堪驱使，不甘禁锢，笔墨纵横间，已远游天水之巅。除了他，谁敢“天子呼来不上船”？除了他，谁能“仰天大笑出门去”？他是诗仙，卓尔不群，豪放不羁。

不忘初心，不去将就。很多时候我们要提醒自己，不要忘记自己内心那份纯善和真正想要的东西，想想当时的心境和想要坚持的目标，当我们想要放弃的时候，问问自己当初为什么走到了这里？扪心自问我们是否真的有去坚持过?

不忘初心，不去将就。在这飞扬浮躁的社会当中，我们每个人都需要静下心来沉淀。沉淀后做一个温暖的人，有自己的喜好，有自己的原则，有自己的信仰，不急功近利，从容安静、淡泊名利、荣辱不惊。唯有不忘初心，即便在喧嚣的环境中，也能安于一隅，优雅独舞。唯有不忘初心，才能在人生的道路上走得更远。

目录
Contents

第三章　总有人对你指手画脚，干脆只做自己

第四章　诱惑纷至沓来，别在欲望中迷失

第五章　世界从不公平，足够努力才有好运

第六章　米字街头的彷徨，遵循内心去选择

第七章　人生不是为了等一个结果，过程就是最大的收获

第八章　面临被剩下的危险，也不辜负爱的初心

第九章　奔着美好而来，不被委屈和眼泪打败

第十章　焦虑慌张的时候，停下来等一等灵魂的脚步

第十一章　浮躁的世界，寻找不被打扰的内心清静

第十二章　无论世界怎么样，都相信自己会越变越好

第一章

我们走得太远，却忘了为什么出发

当初，我们选择远走他乡是为了什么

当金钱成为一种信仰，这是可怕的

每天都很忙，却不知道自己在忙什么

一年又一年，你还记得当初的梦想吗

工作，不过是为生活所迫

别让未来的你讨厌现在的自己

1. 当初，我们选择远走他乡是为了什么

想必每个心中有梦想的年轻人，都曾与父母对抗过——为自己的梦想，也为寻找走出命运牢笼的机会。因为每个年轻人的梦，总在他乡。然而候鸟不见，时过境迁，在外乡摸爬滚打了多年的你是否还记得，当初选择远走他乡是为了什么？是为了可以出人头地？还是为了有一天能衣锦还乡？又或者只是为了给家庭带来一些改变？归根结底，我们当初的离开都是为了心中那火热的梦想！

邢运伟，这个在1991年出生的“90后”青年，于2003年来到北京，目前是中国杂技集团的一名金牌演员。邢运伟很小的时候，在父母的陪同下来到北京报考中国杂技团学员班，父母在他被录取的第二天就回家了，那一年邢运伟才刚刚度过了自己12岁的生日。

12岁还是一个孩子，邢运伟却要背井离乡，一个人生活在北京这样的大都市，每天面对繁重的功课和6人一间宿舍的简陋居住环境，一周只能休息半天。此后的岁月里，邢运伟的生活中几乎只有两个字：练功。

在舞台上，邢运伟可以做出许多连女性都难以做到的柔韧动作，这些高难度的动作让第一次看到他的观众眼前一亮。多年来，他的表演总能让观众掌声不断。

邢运伟曾在接受采访时说：“杂技演员，注定要和‘苦’打一辈子交道。而且，观众记住的永远是节目和你的动作。所以干杂技的人能演绎知名的节目，却永远成不了知名演员。但无论何时，艺术梦想都将是我的无悔追求。”邢运

伟由衷地说。

如今，20 多岁的邢运伟，已跟随杂技团到过 20 多个国家和地区表演。他的表演也深受国外观众的喜爱，还在国内、国际顶级杂技马戏大赛上屡次获奖。

邢运伟表示，自己的下一个目标是夺得被誉为“杂技界奥斯卡”的金小丑奖。

大城市不仅有闪耀的梦想，有霓虹灯光，还有旁人看不见和想不到的辛苦。很多人疲于奔命地挤着狭窄的公车，在等车的间隔匆忙地吃着鸡蛋灌饼，更有一些人拿着微薄的工资，却要熬夜加班，付出难以想象的时间和汗水。

是的，行走他乡，虽然不一定会获得最终的成功，但只要你努力过了，奋斗过了，就不虚此行，不枉此生。另外，在这个过程中你还能充分领略到沿途的风景，而这些经历也会伴随着你的一生，成为你最难忘的时光、最宝贵的财富。

20 世纪 80 年代出生的赵烨是个典型的东北汉子，大学毕业后，赵烨在家乡找到了一份令人羡慕的工作。但他总觉得，人这一辈子应该做点挑战自己的事情，而最佳时机无疑是在青年时代。在许多人不解的眼光中，赵烨选择了辞职自主创业。他看准国内眼镜清洗行业的空白，决定从此“破题”。

2009 年，赵烨孤身来到北京，经过多次试验，他终于发明出一种效果非常好的眼镜护理液。之后，赵烨开始了护理液的推广。

“老板您好，在我国每 4 个人就有一个人佩戴眼镜，这是个巨大的细分市场……”在拉投资的过程中，赵烨一再重复着不知道说了多少遍的开场白。

尽管自己的产品获得了专家的一致好评，但赵烨还是遇到了“酒香也怕巷子深”的窘境以及所有草根创业者会遇到的困难：一穷二白、没有资金、没有生产条件、没有销售渠道、没有创业经验……

正当赵烨灰心意冷之时，北京市举办的一次创业大赛让他看到了希望。赵烨披挂上阵，最终夺得决赛二等奖，并获得奖金 3 万元，渡过了创业资金上的难关。

此后，赵烨开始频繁地出现在各大电视台的创投栏目中，并陆续接到天使投资人抛来的橄榄枝。赵烨坦言，自己的下一个梦想是，为全国近 4 亿戴眼镜的消费者提供一种更先进、更有效的眼镜清洗护理产品，成为行业的开创者、领导者。

韶光易逝，白云苍狗，现在的你还记得年少时埋藏在心底的那个小小的梦想吗？或许我们现在已经不再年轻，或许我们早已不再漂泊，但你一定还记得曾经对于梦想的那份悸动。

郑钧在《热爱》里唱道 ："我们以苦为乐，我们要与勇者为伴，凭着一把破吉他，也能把世界改变。一直走，到欢声驱散愁容，到心中郁郁葱葱，你会以自己为荣……" 曾是少年的我们心中都曾有那么一把久经沧桑的破木吉他，只要梦想过、闯荡过，我们就能以自己为荣。

2. 当金钱成为一种信仰，这是可怕的

2011 年年末，据美国《世界日报》公布的一项民意调查显示：“在全世界 23 个国家中，中、日、韩三国的民众最相信‘金钱万能’，并列成为世界第一‘拜金主义’国家。”何为拜金主义？拜金主义就是一味地崇拜金钱，把金钱价值看作最高价值，其他一切价值都要服从于金钱价值的思想观念和行为。拜金主义者认为金钱不仅万能，而且是衡量一切行为的标准，他们甚至把金钱当作一种信仰。

在这个物欲横流的时代，很多人都在向钱看齐，正如网络上流传的那句话一样：“如果你没钱，那么你拿什么去维持你的亲情、稳固你的爱情、联络你的友情。”因此，大家都在拼命地挣钱，甚至有些人会为了赚钱而不择手段。

2013 年，一件发生在四川的老太“讹人”事件在互联网上轰动一时。

6 月中旬的一天，三名小孩在楼下玩耍，当时不远处有一个老人突然摔倒了。听到老人的呼喊，三个孩子便跑上前去准备搀扶老人，孰料这时老人突然抓住了小孩的手，称自己是被他们撞倒的。

最终，其中一名小孩的家长来到镇派出所，以敲诈勒索为名报警。随后警方立案并展开调查。由于现场没有监控录像，警方寻找了现场目击证人。

几名目击证人皆证实，老人是自己摔倒的，他们的证词成为警方采信的关键证据。虽然老人一方依然坚称老人是被孩子撞倒的，但没有拿出任何有效的证据。

最后经警方查明，伤者老太系自己摔倒，老太的行为属于敲诈勒索。决定对“讹人老太”给予行政拘留7日的处罚。

不管是四川老太“讹人”事件，还是近年来的一些类似事件，虽然表面上都是道德问题，但归根结底都是为了金钱。这种沉迷于物欲的人通常会有两个后果，首先是内心痛苦，因为物质享受是永远都不会得到满足的，天长日久人就会处于一个焦虑痛苦的状态。最后，沉迷物欲渐渐被物欲所支配，做出有违道德或者违法的事情。

在这样浮躁的社会中，我们要学会摆脱金钱的枷锁。有一句话叫作：“良田千顷，日食一升；广厦千间，夜眠七尺。”吃一顿饭摆上几十道菜，一个人又能吃几口？这样的奢华生活无非就是一种炫耀，显示自己的富有而已；而这样的生活脱离了生活本质，人终日被物欲所累，如同双脚戴上了脚镣、双手戴上了枷锁一样，生活又怎么能够轻松自在呢？

在2015年度“感动中国”的颁奖盛典上，举办方给吴锦泉的颁奖词是：“窄条凳，自行车，弓腰扛背，沐雨栉风……刀剪越磨越亮，照见皱纹，照见你的梦。吆喝渐行渐远，一摞一摞硬币，带着汗水，沉甸甸称量出高尚。”

吴锦泉，江苏省南通市港闸区五星村的一名普通村民，如今年过八旬，可平日还是以磨刀为生。老人虽然生活清苦，却乐善好施。把平日磨刀得来的微薄收入，多数用于慈善公益。

2010年8月，吴锦泉收听广播时得知甘肃省舟曲县发生特大泥石流灾害，将磨刀挣来的硬币凑齐1000元钱送给红十字会捐给灾区。2013年4月，四川省雅安市发生7.0级地震，吴锦泉得知此消息后，将他两年来走街串巷替人磨刀挣下的1966.2元辛苦钱，通过红十字会捐给灾区。

其实，吴金泉和他的老伴生活并不富裕，至今还住着三间破旧的瓦房。除了磨刀，吴锦泉老人没有其他经济来源。磨一把刀收一块钱，他每月生活费不过 300 元，而他捐出的善款却超过了 4 万元。

在生活中，我们要坚定一个信念 :“金钱不是万能的，不要做金钱的奴隶，而要做金钱的主人。”面对金钱，我们一定要练就拿得起、放得下的心态。人为了活着而赚钱，但活着绝不只是为了赚钱。如果你将金钱看成自己的一种信仰，必定会被金钱妖魔化，被生活抛弃。

因此，我们一定要反对“只有有了钱，我才能快乐”的思维模式。因为生活快乐的获得，取决于我们对生活的态度和精神，取决于我们对奋斗过程的积极投入和体验，而不取决于获得多少报酬。其实，生活的快乐来自我们自身的发掘、认识和创造。无论何时，都不要被金钱束缚。

3. 每天都很忙，却不知道自己在忙什么

如果我们问一个上班的人："你忙吗？"绝大部分人会说："很忙！""最近特别忙！"

如果我们问一个上班的人："你最近在忙什么？"大部分人会说："瞎忙。""不知道每天在忙什么，一天很快就过去了。"

"瞎忙"是职场里常用的口头禅。而它也确实反映了现在普遍的职场状态，他们表面上只是一直在忙碌，但忙得毫无针对性，忙得毫天目标，忙得不分轻重……其结果，只能是一直很忙碌，却没有什么像样的成就。

"每天都忙得团团转！"某销售公司的经理李小飞说，"每周都有一两天要陪客户吃饭，一两天出差。回到公司更闲不下来，既要打电话跟客户联系，又要处理经理吩咐下来的事，中间还要穿插几次开会。一天下来，身心疲惫，一周下来，感觉就跟被扒了一层皮一样。要是赶上业务繁忙期，我一个月能瘦十几斤！"

可以说，李小飞的工作状态是现代职场的缩影。当然如果这样的"忙"能够获得丰厚回报的话，那多少也能给人们些心理安慰，但是，偏偏有一些人"忙"得焦头烂额，工资却很微薄。这类人群，现在有一个流行的称呼——"穷忙族"。

很多人都有过类似的感受："我每天都按时上班，从不迟到，一到单位就投入工作中，事情多而杂，经常同时处理多个问题，常常会顾此失彼。为了完成工

作，下班后还得加班，属于自己的时间被挤压的涓滴无存。”

“穷忙族”为什么忙？一般情况下，不外乎以下这几个原因。

“穷忙族”的事情总有很多，大事、小事，紧要的、重要的，这些事情将他们埋没在工作的海洋里，使他们整天疲于应付各种问题，根本没有时间学习或思考如何改进工作，工作效率自然不高，本来可以一个小时完成的简单工作，“穷忙族”能够紧紧张张地处理一天。如果用“拖延”来形容的话，他们肯定会喊冤，因为他们觉得自己一直在努力工作，没有偷懒。究其原因，是他们处理问题的方法不对，没有找到简单而高效的路径。

另外，“穷忙族”的时间规划也杂乱无章，基本上处于兵来将挡、水来土掩的被动局面，导致许多事情没完成就被打断，结果几乎没有被处理妥当的工作，之后还需要对这些工作“半成品”进行再加工，这无疑耗费了大量时间和精力。

其实当人们面对所谓的“穷忙”时，不能故步自封，要努力改变这种现状，实现自我救赎。如果你也陷入了“穷忙”的窘境，试着做下面这几件事。

一、找到真正重要的事情

大多数人都习惯把时间分散在每一件事情上，但是在所有的事情里，只有 20% 的事情是真正重要的，而这 20% 的事情造就了 80% 的产出。所以，告别“穷忙”的第一件事，就是区分工作的重要程度，然后根据其重要性重新分配时间与资源。

二、做好时间规划

“穷忙”的原因之一，在于对时间缺少规划。所以，要做好时间管理，就从做计划开始。例如，你可以排定下班后做些什么，每月的几号办理什么事情，每周的什么时间处理什么事，进到公司的第一件事要做什么，每天的几点集中处理邮件，等等。这样做可以避免浪费时间。只有你对时间的安排精细了，处理事情才会变得越来越从容不迫。

三、学会拒绝

不是每件事情都值得你去做，可以选择性地忽略一些无足轻重的事情，特别是同事之间的帮忙要适可而止，学会拒绝，不要做职场上的好好先生或好好女士。帮助别人，要在不影响自己工作的前提下去做。

四、保持专注

一次只做一件事情，很多时候多管齐下并不会让工作变得更有效率，反而会因此而分神，降低了工作效率。

如果确定去做一件事情，最好一次性把这件事情做完，不要中断。有一位白手起家的富翁曾说过："要想成功，必须有个目标，并为实现目标不懈努力、持之以恒。专注的品质是摆脱穷忙，走向成功的必备素质。"

4. 一年又一年，你还记得当初的梦想吗

“当初的愿望实现了吗，事到如今只好祭奠吗，任岁月风干理想，再也找不回真的我，抬头仰望着漫天星河，那时候陪伴我的那颗，这里的故事你是否还记得。”仰望星空的时候，你是否也会发出像筷子兄弟这首《老男孩》歌词中所描述的那种感慨呢?

在人生的不同阶段，我们会有不同的梦;有了梦，我们在人生路上才不会感到孤独。即使我们不知道这个梦在将来会不会实现。

蝴蝶大学毕业的那天，宿舍里只剩下了她一个人，朝夕相处的闺蜜都各奔东西了。

一个人待在空荡荡的寝室里，她忍不住回想起四年来在大学里的点点滴滴，满是伤感。在收拾行李时，她无意中翻出了一张泛黄的便笺，看到上面熟悉而又陌生的字体，还透露初生牛犊不怕虎的豪情壮志，蝴蝶想起来了，这张便笺是她在进入大学的第一个晚上给自己定下的目标。

便笺上写着:“我要拿学校里最牛的奖学金，我一定要考过专八,一定要成为起点中文网的白金签约作家，我一定要减肥减到一百斤以下，一定要努力挣大钱，我一定要在这座城市买下属于自己的一砖一瓦，一定要把爸妈接到城里来享福，一定要赚钱让初中便辍学的弟弟学一门有用的技术。”

刹那间，蝴蝶思绪万千，不禁泪湿了眼眶。她不明白，是过去太久了吗?好像也没有多久，才四年而已，为什么自己不记得了呢?其实，自己也是有过

梦想的。

她想起了她很喜欢的一部励志电影《当幸福来敲门》里的一句台词——如果你有一个梦想，你就要学会捍卫它。此刻蝴蝶的内心充满了自责。

曾几何时，我们也如蝴蝶一样，心中盛放着属于自己的梦想，但种种原因，导致最后我们选择或有意或无意地远离那些梦，不再对任何人提起。直到多年以后，无意中想起往昔岁月时，黯然一笑，然后装作什么事情都没有发生过，继续着自己并不如意的生活。

如果，我们在人生的道路上迷失了方向，不妨停下来问问自己内心真正想要的是什么？自己的梦想是什么？是否还坚持得下去？如果心中有了答案，那么就立即去做吧。很多时候，踌躇不前，无非是徒增烦恼罢了。

10 岁那年，李响就有了属于自己的梦想，他喜欢唱歌，并且很有天赋。他将自己的想法告诉了父母，可是父母觉得唱歌没什么出息，与其白白浪费时间，不如好好学习，将来好好考个大学。于是，他听从了父母的意见，放弃了自己的梦想，进了一个课外作业辅导班。

李响大学毕业之后想去沿海一带发展，谁知找工作时却连连碰壁，由于他所学的专业就业竞争很大，很长时间都没有找到令他满意的工作。于是他打算报考研究生，回校园深造，以提高自己的竞争力。

他将自己的想法告诉了两位好友，两位好友都不建议他考研，认为考研不划算，毕业之后还要找工作。倒不如去考公务员，收入稳定，还体面。在好友的劝说下，他动摇了，最终放弃了考研的念头，考了公务员。

过了几年，他开始厌倦体制内枯燥的生活，决定下海经商。同事都劝他要考虑清楚，不要一时冲动，要学会知足常乐，万一创业失败那就连铁饭碗都没了。这一次，他没有再听从别人的劝说，而是果断递交了离职信。

他觉得自己一生中错过了太多的机会，放弃了太多的梦想，如果当初他坚持自己的梦想，可能他现在已经是有名的歌手或者公司高管了。这一次，他说什么也不能放弃，哪怕千难万难，也要殊死一搏。

终于，在经过了多年的努力打拼之后，李响创立的公司成功在香港挂牌上市，他也成了一位腰缠万贯的老总。每次回忆往事，他都感慨万千，如果他最后不坚持自己的想法，或许他现在还只是一名普通的公务员。

当我们翻阅商业大咖们的成功履历时，不难发现，成功者都有一个共同的特点，虽然他们会尽量听取别人的意见，但他们从不轻易否定自己的想法，一直遵从自己内心的选择。

人生最悲哀的事情莫过于，很久以前，我们因别人的劝说放弃了自己想要的梦想，多年后才发现，曾经的梦想是值得追求的，只是当时不够坚定，没能将梦想进行到底。

对于心中有梦的人而言，请不要随意丢弃你的梦想，既然有梦想就要去捍卫它、保护它，直到你能实现的那一天。2000 多年前，越王勾践卧薪尝胆，最终励精图治，成功复国。后世颜迈将越王事迹写成对联："苦心人，天不负，三千越甲可吞吴。"在生活中，我们需要这样有魄力的勇气。

5. 工作，不过是为生活所迫

曾几何时，互联网上流行着这样一句话："所谓成功，就是按自己喜欢的方式过一生，不用被繁重的工作所累，可以去尝试自己喜欢的任何事情，每天都可以遇见更好的自己。"

这句话的意思并不是指人可以肆意妄为，甚至不加限制地损害他人利益；而是指面对一些人生重要事情时，可以自主选择，比如职业、伴侣、工作等。

也许有人会反驳："一个人如果可以凭着自己的意愿，做自己喜欢的事情，该是一种多么'奢侈'的体验。很多时候，我们总是无奈地被'选择'。你看，就连古代的君王，也并不能完全按照自己的喜好来选择皇后，更别说按照自己的喜好来选择做什么。所以，我们这些平民老百姓更是只能被迫行事了！"

这番话看似很在理，但你是否想过，或许正是因为我们都不是"皇帝"，我们才可能有更多的自由来选择自己喜欢的人和事。正如韩寒在他的作品《关荣日》里所说："一切都是生活所迫，可生活却从来没被抓住过！"

李婷是一所普通二本大学的大学生，她对自己的专业非常不感兴趣，也很讨厌学校的氛围和环境，中学的时候她一直想要学习美术，结果母亲直接以"读美术出来是准备饿死"为由而拒绝了她。

没有办法，她只好听从了母亲的话，大学专业报了法学。可因为她心思都在美术上，导致她专业课学得很糟糕。快毕业的时候她很迷茫，不知道毕业以后应该做什么。虽然，她顺利毕业后凭借家里的关系，能够让她进个稳定的事业单位工作，但是她特别讨厌那种枯燥乏味的生活。

之后，机缘巧合之下，她接触到了纹身这个行业，当即被吸引了，可以画图，和她的兴趣爱好高度重和，时间又很自由。于是，李婷毕业后找了一份普通的工作，在存够学费以及脱产学习一年需要的生活费之后，便向老板递交了辞呈。转而开始过上了做纹身学徒的生活。

一年后，李婷学有小成，在朋友的帮助下，在闹市开了一家纹身店，终于过上了她理想的生活。

在现实中，很多人都认为自己生活得很失败，他们只是不了解“梦想”的含义，所谓“梦想之路”，不是梦也不是想，而是一条路。很多时候，“被生活所迫”并不是一个束缚梦想的理由或者借口。

如果你还对心中那份梦想抱有一丝热情，不妨尝试去做自己喜欢的事，并且勇敢地坚持下去。

“我好累啊，心力交瘁，快不行了。”于洋在朋友圈抱怨道，她的确是心力交瘁——工作方案明天要交，还要辅导孩子作业，她自己还想读本书……老公第二天出差，还要帮老公准备行李。

于洋的老板是个“完美主义”者，方案里哪怕出现一点点瑕疵也会招来劈天盖地的斥责；而她老公出差箱子乱糟糟的也不行；孩子不盯着就不会好好写作业；她自己好久没有学习充电了。她很焦虑。

于洋总是想去平衡工作与生活，她希望自己的工作和生活都完美无暇。但是每天的时间有限，做好一件事情，就势必要放弃一些事情，这让她很有负疚感。

她认为生活和工作很难平衡，只能去妥协，这一切都是生活所迫。

郭一凡在《遇见更好的自己》里唱道："长大可能不是什么好事情，不能够重来一次，只能扬起嘴角，把悲剧都转换成喜剧，去遇见更好的自己 。"

在现实中，我们不能一直把"被生活所迫"挂在嘴边，那样只是把"生活"当作了偷懒或者逃避的借口。

重要的是——成为更好的自己，才能不总是被生活所迫。

正如，我们知道要把玩游戏、看美剧的时间用来看书学习，只是每次下班回家就以工作累、家务活多为理由，最终选择了以玩游戏、看美剧来犒劳自己。

6. 别让未来的你讨厌现在的自己

生活中有许多对现实状况不满意但仍苟且于目前工作或生活的人，他们似乎都抱着同样一种想法：明知道当下的处境或多或少阻碍着自身的发展，却依旧瞻前顾后，不想改变。其实他们需要的仅仅是一些勇气。只要抛下思想包袱，按照自己心中所想一步步前进，就有可能过上自己想要的生活。

不光是面对工作，在面对要处理的事情、要学习的技能时，我们也总是瞻前顾后，拖沓犹豫。一段时间后，往往会安于现状，不了了之。你总想着，以后再做，明天再学，却忘了时光匆匆，如白驹过隙。

明知道“逝者如斯夫，不舍昼夜”，为何从未跟自己说过，从今日开始，努力去做。其实，每个人最大的敌人不是别人，而是那个不知进取、懒惰成性的自己。努力去做，今天可能觉得很累，但是不会亏欠明天的自己。希望多年以后，当你停下脚步，回头看这一路坎坷时，不是壮志难酬，空留遗憾，而是会心一笑，嘴角上扬。

丹尼尔是一个小有名气的青年建筑师，也是一名“海归”，在一次大学校园的分享会上，他向建筑系的大学生们介绍了他的一些建筑作品，其中谈到节能环保、新型材料等，他那些打破常规的作品都让大学生们大开眼界。他谈及自己的创作灵感，源于以前的海外游学经历。那段时间，他辗转于美国、加拿大、摩洛哥，三个迥然相异的地方，虽然吃了不少苦头，但也激发了他不断探索的欲望。在他介绍完作品之后就到了提问环节，当时有一位同学抛出了一个很有意义的问题——“从哪一刻开始，你想要改变自己的人生？”

话题一出，全场沸腾，大家很想听听这位颇具才华的青年建筑师对人生的看法，他微笑着说：“我想要改变自己人生，是从推翻过去所有一切开始的。”

丹尼尔说，在回国之前，他把自己学生时代的所有作品统统都销毁了，他觉得这些成就都属于过去，带不进他的将来。

如果没有把过去所有的成就抛诸脑后的决心和魄力，很难收拾起重新开始的心情，这样就会不断被过去牵绊，从而失去想要改变的勇气，最终因懒于改变而墨守成规，落得碌碌无为的下场。

他说完，现场爆发了雷鸣般的掌声。

很多时候，我们总在过多地回望那些曾经的成败，而不去着眼当下、放眼未来。世界在变，眼界在变，格局也在变。我们要积极改变现状，勇于尝试，立足当下，不断更新我们的知识库。

舍弃过去，才能以澄澈的心态去创造未来。

活在当下，踏踏实实地过好每一天，不抱怨、不放弃，为自己的梦想尽每一份力。只有这样，你的未来才是可靠的、有保障的；只有这样，才终会有梦想实现的那一天。

小巫和她的闺蜜倾城都痴迷于写作，也机缘巧合地进了同一家微电影制作公司。工作中，小巫总是主动出击，不懂的就问，也学到了一些东西，但是并没有过多的机会创作自己的作品，这和她的初衷并不契合。半年后，她为自己赢得了更好的机会，当即选择跳槽离开。因为新平台的优势，她开始大量审稿，在一年后，终于开始提笔独立创作。

小巫按着心中梦想一步步前进，而她的闺蜜倾城还留在原来的公司，做着朝九晚五的打杂工作。

她经常打电话鼓励倾城：你喜欢写作，又有这方面的能力，为何不去尝试？倾城总是含糊着糊弄过去，因为她习惯了这种生活，害怕改变。直到小巫的一部作品红遍网络，收获了无数的鲜花和掌声的时候，倾城终于醒悟了，既然我这么喜欢写作，为什么不能像小巫一样去写，难道要等到老了才后悔莫及吗？

人总是害怕改变，因为不知道改变能带给我们什么，但却知道改变可能会失去些什么。这大概就是因为我们害怕面对失败。但是，塞翁失马，焉知非福？

一个心智成熟的人，会主动抓住机遇，适时改变，而非逃避。因为害怕失败而不去行动，会造就人生中最大的遗憾。一件事情，做与不做，云泥之别。去做就有机会，不做永远没有成功的可能。

蔡康永说，15 岁时你觉得游泳很难便放弃游泳，到了 21 岁时遇到一个你喜欢的人约你去游泳，你只好说“我不会耶”。难道一定要等到未来后悔的时候，才幡然醒悟吗？要相信自己，去做想做的事，去见想见的人。趁还年轻，趁还有时间。人生的道路上，永远没有太晚。

别让未来的你，讨厌现在的自己，要让未来的你从心底感谢现在这个不畏艰难、拼尽全力的你，因为生活不会亏欠每一个脚踏实地的人。

第二章

现实越残酷，越不能弄丢当初的梦想

不要因为眼前的苟且，而放弃当初的梦想

不要让安逸的现状，阻止你追寻梦想的步伐

不被人看好的梦想，更有实现的价值

谁说有了孩子，就得把梦想深藏

不一定要通过辞职来实现梦想

实现梦想，从来没有太晚的开始

暂时妥协，是为梦想『活』下来

1. 不要因为眼前的苟且，而放弃当初的梦想

很多人在向梦想努力前行时，由于家庭环境、生活经历、他人的嘲笑、自己内心的卑微等种种阻碍，最终选择了放弃，在平淡的生活中继续苟且，久而久之便忘记了初心。

王宝强 15 岁时，只身来到北京闯天下，初期他在建筑工地打工，后来在各个剧组当武行、做群众演员，他有时在北京电影制片厂门口一待就是个把月，终于挨上了一个群众演员的角色，过后看样片，却连自己的模样都看不到。

当时和他一起“跑龙套”的小伙伴们一直劝他：“你长得不好看，又没文凭，也不会拉关系，更没有好家境，要啥没啥，还是别干这行当吧！”可王宝强却不这么想，不会就学嘛，人这辈子啥不是学会的。他知道，自己是骡子，不是马，既然不是马，就得付出更多的努力。

让王宝强记忆特别深刻的是一年除夕，当时他口袋里只剩下 2 元钱，在这个举国欢庆的日子，他只能选择躺在工棚里睡觉以熬过那阵阵袭来的饥饿和孤独感。王宝强说他那个时候从来不告诉父母他在北京做什么，只说自己挺好的，因为怕父母担心。

一次偶然的机会，王宝强被李杨导演挑中，并在电影《盲井》中担任主角，正是这部电影改变了王宝强的演艺圈生涯，让他从一个跑龙套的武行摇身一变成为金马奖最佳新人，并获得法国第五届杜威尔电影节“最佳男主演奖”、第四十届台湾电影金马奖“最佳新人奖”以及第二届曼谷国际电影节“最佳男演

员奖”。之后他演《天下无贼》，因其朴实的个性和独特的幸运而获得关注。而电视连续剧《士兵突击》，也让王宝强饰演的许三多这个角色，深入人心。

如今，无论是影视界、综艺界都有他的身影，现在他开了自己的工作室成功地当了老板，并自己导演了电影《大闹天竺》。

王宝强和普通人一样，早年的他，但他没有选择在练武的寒冬放弃自己的梦想，也没有因在工地刷墙、搬砖时那暂时的经济窘迫而逃离。

然而，现在很多出身优裕、条件比他好很多的人，不是在梦想的道路上轻易放弃，就是在梦想的道路上迷失方向，经常在困难来临时退缩。

多少人为了梦想出来打拼，又有多少人在打拼的途中回到原点。遇到困难时，我们不要只看到眼前的艰辛，而选择做一个平庸的人，生活给你带来的苟且，并不是让你从此选择苟且生活，有梦想的人定会跨过骨感的现实，得到丰满的成就。

还记得2011年央视春节晚会上，抱着吉他唱着《回家》的“西单女孩”吗？

西单女孩原名任月丽，初中毕业就辍学的她，来到北京成为北漂一族，16岁时，她在餐馆刷盘子，被老板拖欠工资，每天只有10元生活费。后来，任月丽在餐馆结识了一位流浪歌手，于是她也开始在路上唱歌。

成名前，任月丽住在北京南三环附近，坚持每天骑车1个多小时去西单的过街地下通道里唱歌，风雨无阻。虽然每天的所得只够她的基本生活所需，但她仍然从中省下一部分钱去买二手CD，只有这样才可以学唱更多的歌曲。可能很多人都不知道，歌声优美的她并没有接触过正规的音乐教育。

2008年，网络拍客拍摄其翻唱安琥的《天使的翅膀》的视频被传到网上，这个歌打动了许多人，视频点击率一路攀升，西单女孩由此登上了电视、网络等媒介，并参加了2011年春晚，从而为更多的人所熟知。

现在，任月丽已经有了自己的音乐团队，也有了自己的公司。

任月丽对梦想的坚持感染了很多人。她的经历教导着很多追梦的少男少女——生活会给你磨难，也会眷顾你。有梦想的人在风雨后依旧能看到夜晚的星辰，无梦的人注定连方向都无处可寻。

生命终归是漫长的，我们所能依靠的只有自己；有梦想总归要坚持的，若想仗剑走天涯，就必定要在出剑之前抗住惊涛骇浪。

2. 不要让安逸的现状，阻止你追寻梦想的步伐

“这样的生活足够好了。”

“这样挺好的。”

“梦想反正不会实现的，平平淡淡挺好。”

“知足常乐，干嘛那么拼呢。”

……

很多人年轻时都有一腔热血，希望可以回报社会，去实现自己的梦想。然而现实却充满着挫折，成功来得没那么容易，通往梦想的道路上总是充满着荆棘，因此很多人最终会选择过安逸的生活。

只有很少的一部分人保持着一颗进取之心，打破了安逸的生活，走出“温水煮青蛙”的状态。能在最美的青春年华里，为自己的人生蓝图去奋斗何尝不是一件幸福的事呢？

叶青，南京大学外国语学院的高才生，毕业后进入了上海一家世界500强的IT企业做项目经理，年薪十几万元。两年的时间，叶青在上海买了房子、车子，也结了婚。生活渐渐归于平淡。每天的生活大同小异，周六日睡个懒觉，打扫卫生，和太太去买菜……日复一日，日子平淡而枯燥。

事情的转机发生在一天晚上，叶青和太太在小区里散步，他漫不经心地说：“小时候，很多亲戚看到我都夸我：叶青，你很聪明，以后肯定是要做生意赚大钱的。我也是这样觉得的，可是我现在已经快30岁了，我还没有做过生意。”

叶青近期的状态太太看在眼里，她鼓励他说："亲爱的，想做什么就去做吧，不要停留在语言上，我支持你的任何决定。"

就是那个晚上的谈话使叶青下定了决心，要自己创业。他一直想加盟某品牌奶茶店。在得知这家店允许加盟的那天下午，叶青便毫不犹豫地向公司递上了辞呈。

创业的初期，叶青由于没有什么经验，奶茶店也有过亏损，当时他的心情很沮丧，是太太的鼓励让他重新振作起来。很快，叶青便尝到了丰收的喜悦。凭着运用网络的特长和在大公司管理的经验，叶青的奶茶店经营得如火如荼，很快开了第二家、第三家……

生活不仅需要安逸，更需要躁动，太过满足只会让人没有上升的空间。不害怕梦想背后的阻碍，才能真正享受到梦想实现的喜悦。

万科集团董事会主席王石曾说："这个世界上有两种人，一种人是强者，一种人是弱者。强者给自己找不适，弱者给自己找舒适。想要变得更强，就必须要学会强者的必备技能，那就是让不适变得舒适。"当初王石刚到深圳闯荡时，生活非常艰难，有人劝他回老家，王石拒绝了，他要在这片新城干出一片天地，他要自己争取命运。最终他建立了万科集团。

人的未来要靠自己争取的，天上不会掉馅饼，也不会平白无故给你完美的机遇。想要什么就自己去争取，当你一无所有、两手空空时，是最该奋斗拼搏的时候。许多人"想要的太多，真正做的太少"，在漫长的安逸生活中让自己的梦想消失殆尽。天下没有免费的午餐，美好的未来要靠自己去争取。

著名演员孙红雷报考中戏时，一波三折，差一点就与中戏失之交臂。

那年孙红雷 25 岁，身高 1.80 米，体重 178 斤，是一个典型的东北大汉。

当时有人毫不留情地对孙红雷说："你知道音乐剧专业需要干吗吗？要跳

芭蕾，你看看你，你这身材能跳芭蕾吗？你的脚尖能撑得住你那大块头吗？”

这时距离孙红雷考试仅仅剩下一个月的时间，孙红雷要在一个月的时间内最少减重 20 斤。孙红雷二话不说，立即开始了他的减肥计划。每天跑步三次，每次五十分钟，跑完以后，再到一个像蒸笼一样的温室花房，练芭蕾小跳 1000 下，其余的时间就是练台词。

他每天的饮食除了喝点肉汤，吃点水果，主食一点都不沾。刚开始，有一帮想要考中戏的学生们为了减肥也和他一起跑，可是几天之后，那些人一个个打起退堂鼓，只有他一个人坚持了下来。

当考试到来时，孙红雷成功地减掉了 36 斤，最终从 700 人中脱颖而出。

生活中，总是有人仰天长叹：“为什么老天从不眷顾我？”可在你开口的时候，你是否想过，你有努力过吗？有为了梦想、为了目标奋力拼搏过吗？网络上有句经典语句是这么说的：“比你聪明的人不可怕，可怕的是他比你聪明却比你更努力。”

的确，现实中有太多的人自我感觉良好，总觉得不费吹灰之力就能得到想要的一切，在本应努力的时候，却选择了安逸；在本应继续拼搏的时候，却选择了等待，于是错失良机，最后又怪老天不眷顾。其实任何人都不需要祈求上苍的眷顾，完全可以选择自己努力。

不要在最能吃苦的年纪选择安逸，没有人的青春是在红地毯上走过的，既然你梦想成为那个别人无法企及的自我，就应该选择一条属于自己的道路，为了到达终点，付出别人无法想象的努力。

3. 不被人看好的梦想，更有实现的价值

在这个满是金钱腐朽味的世界里，有这样一群人，他们不计得失地磨炼、努力、奋斗。那些很久以前就藏在心底的美好，没有随着一次次的失败，变得如同水中月、镜中花一样虚幻，而是在一次次的嘲笑中收获了梦想的果实。

林书豪，这个美籍华裔的大男孩近年来在NBA的表现逐渐被球迷和观众所熟知。但是每个有梦想的人必定都经历过一段灰暗的时期。

高中时，林书豪入选了校队，由于他长着一张亚洲人的面孔，因此在篮球场上备受嘲讽。因为在那些学生眼中，亚洲血统并不适合篮球这项高强度身体对抗的运动，正因如此，每当林书豪走进篮球场的时候，就会有人不屑地说："快回去吧，亚洲人，这里是篮球场，没你的事！"林书豪当时的身高不到170厘米，在一群身材高大的美国学生中就像个"小不点"，这更加重了他的自卑。

面对越来越沉默的儿子，林书豪的父亲教导他说："即便有些人对你品头论足，你也必须保持冷静，绝对不能因此而动怒。只要你赢下比赛，人们自然会尊重你。"

林书豪果然做到了，一年后他入选了分区年度最佳二年级生阵容，随即又两度荣膺最有价值球员。在高中的最后一个赛季里，作为球队绝对领袖的林书豪率队拿下加州篮球二级联赛的冠军。

夺冠后，哈佛大学给林书豪提供了一个去NCAA打球的机会，可让林书豪没有想到的是，在这个美国一流的学府当中，他依旧备受排挤。当他在赛场上

挥汗拼搏时，总是有人在看台上大声对他说："回亚洲去吧，小矮子！"可是，早已学会隐忍的林书豪还是选择了沉默，因为他始终记得父亲林杰明对他说的那句话："只要你赢下比赛，人们自然会尊重你。"

2009年，林书豪在NCAA联赛上完美地展现了自己的实力与天赋。也令很多质疑他的人彻底闭上了嘴，他终于用成绩赢得了尊严。2010年7月22日，林书豪正式与金州勇士签约，踏入了自己梦想中的殿堂——NBA。

也许，我们现在踏出的每一步，都会被别人的嘲笑，被别人轻视。也许我们大多数人都不是能够轻易得到别人掌声的幸运儿。当质疑和嘲讽的声音在你的脑海中挥之不去的时候，你是不是也曾犹豫过？是不是也想过要放弃那个不被他人看好的理想？当所有人都试图用他们的"事实"证明你的选择是错误的时候，你是否也曾想过要按照他们说的去做？

在面对否定和质疑之时，有些人选择了妥协，动摇了自己的信念，结果变得平庸；而另一些人则不然，他们不但被质疑困扰，还将其作为自己前进的动力，别人越是质疑，他们就越要证明自己，最终收获了丰硕的成果。

在NBA职业联赛中有着大将军之称的吉尔伯特·阿里纳斯，在他刚进入NBA职业生涯的前40场比赛中，他一直是在冷板凳上度过的。教练和队员认为他一无是处，甚至有时球队输球时，由于心情不好，还会有人恶意嘲笑他几句。阿里纳斯并没有怨天尤人，而是不断的训练、训练，他要通过努力来证明自己的实力。

在勇士队的第二年，他就揽下了联盟进步最快球员的头衔。没有人知道，当全美国都在睡眠中时，他和他的篮球在训练馆疯狂地扫射篮筐。吉尔伯特·阿里纳斯几乎以自虐的方式让自己快速地强大起来。他雇了军人做自己的训练师，用种种匪夷所思的方式锻炼自己。直到阿里纳斯退役前一直都身披0号战衣，因为他要以这种方式告诫自己每天都要努力。

美国著名诗人惠特曼说过："难道你的一切只是从那些羡慕你、对你好、常站在你身边的人那里得来的吗？从那些批评你、指责你的人那里，你学来的岂不是更多？"很多时候，我们害怕被人否定，但是，否定是压力，也是动力。它在让人沉沦的同时，也让人更加清醒。从被否定的沼泽之中走出来，我们会汲取更多的养料，变得更加强大。

梦想无论怎么模糊，它总是潜伏在我们心底，使我们的心境永远得不到宁静，直到梦想实现。就像漫画家九把刀说的那样："即使跌倒了，姿势也要很豪迈。说出来会被嘲笑的梦想，才有实现的价值！"

4. 谁说有了孩子，就得把梦想深藏

很多女性在成为母亲后，必须面对家庭的柴米油盐和接踵而来的家务，有些人选择做全职太太，有些人则选择离家近、工作简单、上班不受限制的工作，这样不仅可以有一份收入，还可以照顾家庭和孩子。她们很少为自己添加新衣，很少和朋友逛街聊天，很少出去旅行。她们将生活的大多数时间都交给了孩子，不知不觉就忽略了自己，忘记了自己也是有过梦想的。

郭丽蓉，从小就爱好音乐。很多流行歌曲她仅仅跟着录音机学唱了几遍，就能有模有样地唱出来。就这样，喜欢上唱歌的丽蓉，常在课后和节假日里跟着录音机学唱歌曲。

由于家庭原因，郭丽蓉高中毕业后便外出打工，在朋友的引荐之下，她进入一家小型服装厂当上了缝纫工，不久便结婚生子，唱歌只是她在工作的空闲时间里为大家缓解辛苦的娱乐项目，她的歌声给身处异乡的“打工妹”们带去了许多慰藉与欢乐。

一次，身边的姐妹们建议她参加《妈妈咪呀》，郭丽蓉内心有些悸动，但她又担心自己在音乐上没有受过专业培训，因水准不够被观众耻笑。

厂里姐妹们的不断鼓励给了她极大的信心，于是郭丽蓉在老公的陪同下找到《妈妈咪呀》栏目剧组，一经试唱便报名成功。赛前近半年的时间，可把丽蓉忙坏了，既要正常上班不影响工作，又要照顾牙牙学语的孩子，更要练歌准备参赛，但她坚持着，合理安排着时间。

比赛中，郭丽蓉拿到了很好的名次。舞台之梦终圆，但郭丽蓉并未就此止步，她在繁忙地参加各类义演和商演的同时，不断充实自己，为自己走上更大的舞台做准备。

生活不仅有家庭和孩子，不要因为家庭而放弃梦想，更不要将自己的梦想托付给孩子，自己有梦就去追，不要把梦想冷藏。

网上曾流行过这样一句话："人至少要有一个梦想，有一个理由去坚强，心若没有栖息的地方，到哪儿都像在流浪。"有时，生活会很残酷，心中需要有份美好慰藉心灵，换言之就是要拥有一个梦想，然后努力克服困难，不要被家庭和孩子所牵绊。

闫博雅，总政歌舞团的舞蹈演员。12 岁她就从沈阳来到北京学习舞蹈。与乒乓球世界冠军王皓相恋三年并结婚，生有一子。她为了家庭和孩子，放弃了自己热爱的舞蹈事业，但她的内心深处从未放弃自己的舞蹈梦想。

2015 年，一档名为《我不是明星》的节目找到了闫博雅，也让她重新找回信心，她瞒着老公王皓报名并参加了节目，她的舞蹈时而热情，时而复古，赢得了阵阵掌声。

节目组为参赛选手找来了亲友团，坐在嘉宾室的王皓看到妻子着装过于暴露，面色凝重。王皓极其反对妻子回归舞台，闫博雅对丈夫的不理解很失望，她反问王皓："你能放弃你的乒乓球事业吗？"王皓回答："当然是不能。"

两个人在舞台上"唇枪舌战"，让观众看着也心酸，闫博雅说："重新回到舞台上觉得每个细胞都活了起来。"由此可见闫博雅对于舞蹈的热爱。虽然闫博雅的梦想得不到丈夫的支持，但她依然没有放弃。

现实中，很多"辣妈"没有因为结婚生子而放弃梦想，因为她们不想让自己的梦想成为遗憾。

对她们而言，梦想是她们对未来生活的一种期望，是让她们感到坚持就是幸福的东西，甚至可以视为一种信仰。她们那么拼命的坚持只是为了能够活出自己的模样，也为给自己的孩子做个榜样。

我们都曾有过美丽的梦想，只是，在茫茫人海中，在漫漫征途中，我们太容易将它们放弃或遗忘，当幡然悔悟时，梦想已被遗落在人生旅途的某个角落。

5. 不一定要通过辞职来实现梦想

“我有我的梦想，这不是我要的生活。”

“我辞职，我有更想做的事。”

“我不喜欢这份工作，我的梦想是唱歌。”

……

很多人的梦想并不是自己现在所从事的工作，放弃梦想不甘心，辞职又没勇气，只好在事业与梦想中摇摆不定。其实，有时候梦想的实现不需要以牺牲工作为代价，也不要因为工作稳定而放弃梦想，可以选用一种聪明的方式达到做你爱做之事、爱你所做之事的境界。

事业与梦想真的可以兼得吗？可能很多人都会有这样的疑问。不要因为冲动而做出错误的决定，梦想和事业确实可以兼得。

小时候，美娜特别喜欢看《正大综艺》，向往片中那样的旅行生活，大学毕业后，她有能力挣钱了，也开始迈出了属于自己的旅程。

一旦迈出了脚步，便一发不可收。每年，她都有数次国内外旅行，一路上结识了很多志同道合的小伙伴，收获了属于自己的精神财富。

她的一切旅游经费都来源于她微薄的工资，然后她利用周末、年假和各种大小长假，几乎从未因为旅行而影响过工作。

美娜把旅行当作一个很认真的爱好，享受它的快乐，并积累它所带来的收获与见识。

美娜的游记里大量的美景介绍，图文并茂。童话故事里的英伦，热情的西欧，神秘的埃及，色彩斑斓的土耳其，樱花烂漫的日本……这些她从小就向往的地方，终于用她自己的脚步，亲自揭开了它们的面纱。书本里的童话王国、魔法学院，电影里的美好画面，歌词里的动人旋律，她也都看到了真实的样子。

对美娜来说，旅行不是修炼，而是娱乐；不是度假，而是感受；不是目的，而是经过。旅行的意义是让她更加热爱生活。美娜热爱旅行，但她又时刻保持着生活的理智。“谁说看世界就要辞职呢？旅行不该以在外的时间长短来定义。”

梦想和工作可以兼得，也可以合二为一。你可以在拥有稳定的收入的同时去追寻梦想，而不是盲目地赤手空拳重新开始，当有了梦想就要为之做好计划。正如 Jon Acuff 撰写的《辞职高手》一书中所提到的：

“当你保持工作时，所有的机会都让你处于盈余的状态，而不是对亏损的补救。你只需要抓住最适合你梦想的机会。”

“辞职并不意味着启动你的梦想，因为梦想需要计划、目标以及过程去实现。这些事情得在你辞职之前就准备好。”

“我知道这听起来不靠谱，但是比起没有工作的人，有工作的人们更有创造性的自由。”

工作并不意味需要你扼杀梦想，找到你工作和梦想的交叉点，找一份不需要消耗太多精力的工作。追逐梦想最好的途径是阻力最小的那条路。

如果你能很好地掌控自己的工作，你便有时间为自己的梦想制订计划、建立相应的人际关系并打好基础，同时你还保有一份薪水。如果你的工作并不契合你的梦想，你便更有动力追逐你的梦想。

6. 实现梦想，从来没有太晚的开始

在生活中，很多人都有过这样的体会："有了一个不错的想法时，常常因担心为时已晚而放弃，于是再好的想法也被时间搁浅。后来看见别人成功时，才后悔当初没有去努力。"他们的梦想不能说是失败，因为他们压根就没开始过。

在中国国际时装周上，一位满头银发、赤裸着上身、下着花绿鲜艳服饰的大爷点燃了发布会的现场，近 80 岁的王德顺在没有彩排过的情况下激昂地走在 T 台上，赢得了阵阵掌声。

王德顺在他 60 岁的时候写道："德顺在他 60 岁的时……它象征着我的成熟，也预告了我的衰老，好在我并不服老。"

他曾演了近 20 年的话剧，20 世纪 70 年代话剧演出很多，常常一天有两三场话剧，经常体力不支且吃不饱，直到 1979 ~ 1980 年年间他生了大病。医生告诉王德顺，他是得了植物神经紊乱以及窦性心律不齐的心脏病，不能再投入情感的演戏了。然而王德顺并没有因此放弃舞台，他经常出演一些不需要过多讲话的角色，因为要减少体力的消耗，还将哑剧融入话剧元素中。为了更好地将角色展现给观众，他开始锻炼身体塑造肌肉，并去聋哑学校观察学生们的生活状态。

后期他又塑造成了"活雕塑"第一人。在北京当"北漂"近 11 年的他，出演了一些影视作品，如《天地英雄》《闯关东》《飞越老人院》《重返 20 岁》等。后来，一场 T 台秀将王德顺推到了更多观众的视线中。

王德顺在梦想的道路上从未放弃过，无论是在话剧舞台上、电视荧幕上，还是在T台上，他对艺术的追求却从未间断过。他也是位普通的老人，闲暇时会在家里与孙子和妻儿闲聊，但因为他有梦想，并一直追随着梦想而让人生变得光彩夺目，60岁的他可以为了梦想健身，80岁的他还可以昂首阔步。

有这样一句话——“种树的最佳时间是25年前，仅次于它的最佳时间是现在”。当你觉得为时已晚时，却是最早的时候。你的各种外在条件和内在条件，可能为你关上了无数道无关紧要的大门，可也正是它们，为你打开了最关键的那道窗。我们要成为一瓶经年陈酿的好酒，而不是一盘过目即忘的速食。

在网球界，提到维克多·博格斯或许并没有太多人知道，因为他是一位34岁的“新秀”。2014年的法网，加入职业网坛12年的博格斯，才有机会第一次站上了大满贯的赛场。“当我在赛点上准备发球时，我已经忍不住想要哭出来。”博格赛在首轮获胜后说。

对博格斯来说，走进大满贯赛场的唯一途径，就是依靠自己的排名。2006年，他做出人生中的重要决定，开始全职网球生涯，并计划用三到四年的时间打进TOP100。

现实并没有预想的顺利，他似乎缺少一点天赋，排名在进入200后的提升开始变得缓慢。2012年，博格斯的肘部暴发严重伤病，在远离赛场八个月的时间里，他开始思考自己的未来：一个32岁的老将，世界排名从来没有进入过TOP150，他是否应该放弃网球？

博格斯的决定是：“不！我要进入TOP100，我想打大满贯，我的梦想还没有实现。”随后复出赛场的6个月内，他赢得了三个挑战赛事的冠军。2014年，成为他人生中最幸运的一年：三月，他成为了多米尼加共和国历史上第一位世界排名进入前100位的网球运动员；凭借这一排名，他在五月法网成了这个国家第一位参加大满贯的球员；而现在，他也是他们国家第一位赢下大满贯比赛的球员。

2014 年，33 岁的网球天王费德勒，已经不断地被记者问起“退役”的问题；而 34 岁的博格斯，一切似乎才刚刚开始。对于坚持的人来说，只要梦想还在，无论多晚到来，都不会嫌晚。

时光带走的只是我们的青春，奋斗的心却从不对年龄挑剔。西方有句名言：“一个人的思想决定他的命运。”不敢向高难度的事物发起挑战，是对自己的潜能画地为牢，最终使自己无限的潜能化为有限的成就。

其实人生没有捷径，楼房建得太急地基都会不稳，何况这是人生。很多人会感慨：某某遇到的机会真好！可是却忽略了别人在遇到机会之前的努力，那些蛰伏数年的坚持和煎熬。剽悍的人生，从来不怕开始得太晚。有梦想就开始，只要行动了就不会太晚，正如摩西奶奶的百岁感言：“人生没有太晚的开始。”

7. 暂时妥协，是为梦想“活”下来

在生活中，有很多心怀梦想的人，往往会受到现实的残酷与客观条件的制约，使其很难如愿，如果一味地去坚持，可能使自己陷入窘境。这时，不妨退一步，暂时降低标准，先解决温饱问题再说，须知“英雄也有落魄时”。看似向生活妥协，实则是让梦想“活”下来。

李霄鹏高中毕业后，去了一所电脑学校学习，他想要掌握一技之长，不至于以后进入社会找不到工作。

在学校的最后一个学期，李霄鹏作为实习生被分配到重庆的一家公司工作。当他走进这家公司时，兴奋的心情一下子消失得无影无踪。公司太小了，只有几名员工，公司的业务面也很局限，与他学的专业根本不沾边。

在办公室里，经过短暂的交谈后，老板笑着对李霄鹏说："我们公司规模小，薪水有限，如果你同意，那么，明天你就来上班！”李霄鹏一直沉默着，脸上写满了失望，他觉得这个实习单位太不靠谱了，规模还小，跟自己想象中的 IT 公司差距太大，老板看出了他的脸色，笑着说："这样吧，想好了你可以随时来。”

他点点头，告别了老板，继续寻找中意的公司。他跑了一些所谓的“大公司”，可是并不受人待见。就这样，半个月后，他仍没有找到符合自己要求的公司，钱快花完了，眼瞧着吃饭都成了问题，不能再这样执着下去了，还是先找家公司挣个饭钱再说吧。

于是，他放下面子重新回到了那家小公司。老板依然很热情地接纳了他，虽然公司很小，活儿很多，但在与客户直接打交道的过程中，李霄鹏学到了很多在学校里学不到的东西，这份工作不只是解决了眼前的温饱问题，而且使他的电脑水平亦有长进，这为他后来的职业发展奠定了基础。

英国哲学家培根曾说:“人生如同道路，最近的捷径往往是最坏的道路。”确实，人生路上难免磕磕碰碰，“最近”的路上往往乱石穿空，困难挡道。此时，唯有学会让步，多绕些路，才能在人生路上闲庭信步，使人生臻于完美。

然而，难免有人会将河流的蜿蜒视为病态的懦弱。诚然，攻坚克难是坚强人生的定义之一。但是，遇到困难时的一味顽固坚守也常让人丧失信心，消磨人的斗志。我们要看到，面对横亘面前的高峰，绕路走过往往比攀登横越更加行之有效。因此，面对困难时，何妨像河流一样绕绕弯路，在让步中前行，带着这种智慧成就完美人生。

几年前，有一对表姐妹从农村出来到上海求职，一起在一间快餐店做服务员。表姐妹俩人刚来店里的时候，由于没有这方面的工作经验，很多常识都要店长临时去教，店长特别生气，教的时候，语气便不是很好，还经常大声训斥她们：桌子擦得不干净，可乐接得太慢了，普通话说得不标准，等等。

表姐一生气，就辞职了，说是受不了店长的脾气，还拉着表妹一起辞职。表妹愁眉苦脸地说：“这个地方干不好，咱还能到哪里去啊？我看还是在这里待着吧，虽然每天挨训，但是，好歹有份工作吧？”听表妹苦着脸说着这么没出息的话，表姐非常生气，觉得表妹太让她失望了。

表妹继续留在饭店挨训，但是，没过多久，她就因为进步飞快，店长批评的每个工作细节都能够及时改正。她跟着店里的其他人认真地学习工作方面的知识，工作越来越出色。渐渐地，店长对这个不断追求上进的员工非常欣赏。

快餐店的生意很好，一年后，老板在另一个地方开了新店，在店长的提议下，老板提拔她当了新店的店长。表妹当了店长以后，想把这个喜讯告诉表姐。表姐从这个店里辞职后，先后找过四份工作，据说现在一家保险公司跑业务，打她的手机，居然停机了。表妹心里一沉，不知道发生什么事情了。晚上下班后，她到了表姐的住处，这才得知：表姐已经失业一个多月了，经济窘迫，手机费也交不起了。

表姐见了她，就愤愤不平地抱怨自己曾经工作过的单位的种种不是。默默地听完表姐的牢骚，表妹放下1000元钱，然后告诉表姐："咱们出来是工作的，工作干不好挨批评那是应该的，少发牢骚多做事比什么都重要！"表姐恼怒地说："你是不是现在当上店长了，就在我面前摆谱了？我告诉你，我还不吃你这一套！我就不信找不到适合自己的工作！"表妹愣了一下，无奈地摇了摇头便离开了。

在现实中，总有人不珍惜眼前的工作，以为有很多条后路。但对于那些不敬业的人来说，无论到哪个地方，都不会受到欢迎的！如果你不满意现状，又没有更好的选择时，不妨再试着坚持一下。

萧伯纳曾经说过："最美的花常常最先谢。"的确，对人生而言，面对困难时候的永不妥协会让人精力殆尽，最后沦为那先谢的花；而面对困难时候的理性让步才能够成就深远，使花开不败。

我们看到，曾经开除乔布斯的苹果公司在陷入困境后向这位前领袖做出让步，公司在浴火后涅槃；清朝名臣张英向邻居妥协，主动让出空间，使"六尺巷"流传至今，张英本人也因此流芳百世。正是因为适时的让步，苹果公司成就了事业，张英铸就了不朽名声。由此可见，如果我们能够多一些让步，少一些顽固偏执，人生定会迎来更加光明的前景。

总有人对你指手画脚，干脆只做自己

第三章

不因别人的建议，屏蔽自己内心的声音

不要活在父母的期待里

选择自己热爱的，而非别人热爱的

你被别人的『道德观』绑架了吗

发朋友圈，不必太在乎别人有没有评论和点赞

做自己而不是演自己

不必讨好所有人

没必要因别人的不理解而自怨自艾

1. 不因别人的建议，屏蔽自己内心的声音

善于倾听永远是一种美德。不过在生活中,我们往往容易因为他人的话而迷失了自己，被他人的建议干扰。

“你这样会好一些。”

“你这样做不对。”

“你就该这样做。”

“这样才适合你。”

……

生活中你有没有被这样的声音所包围，是否也因此迷失了自己？

伊莎多拉·邓肯的一生跌宕起伏。在她还很小的时候，母亲送她到去学芭蕾舞。当时芭蕾舞是西方舞台的主流，皇室贵族的妇人以此为荣。但是邓肯只上了三节课就再也不想去芭蕾舞学校了。她莫名地厌恶芭蕾舞的程式化，厌恶那种约束人的舞鞋和紧身衣。

在当时那个年代,她对芭蕾舞的观点简直惊世骇俗,然而相比于她的观点,她跳舞的方式更是让人吃惊。在排练室中，伊莎多拉常常由于思索而忘记了时间，伊莎多拉在脑海中努力勾勒着属于自己的舞蹈动作。演出时，伊莎多拉彻底抛弃了芭蕾舞传统的舞鞋和舞衣，改穿宽松裙袍，赤着双足，自由起舞。她坚信“最自由的身体蕴藏着最高的智慧”。

为了推广自己的舞蹈，伊莎多拉拒绝了权贵们用以寻欢作乐的高酬演出邀请，毅然决然地带着家人远走异乡，过着饥寒交迫的日子。

可无论如何，她依然听从自己内心那坚定的声音，在无数个风雨交加的夜晚，这无疑给了她异乎寻常的生存勇气，使她在绝望的谷底浴火重生，终于大放异彩，轰动世界，也最终使她成为“现代舞之母”。

或许我们总在寻找生活上的捷径，一个万能的公式，一个前行的导师，想让我们的人生减少曲折，快速成功，但这个世界上并不是所有的经验、套路都适合你。你觉得有人这样做成功了，他就是我的榜样，你要模仿他的生活。但人生终归是自己的，只有自己经历过才会明白，拿着别人的地图，永远找不到自己的路。因此，不要效仿他人的生活方式，不要轻易被别人的意见所左右，人活着要有自己的做事原则和主张，我们不能让所有人满意，也没必要活成别人所建议的样子。

李开复先生早年在苹果公司担任部门经理时，曾遇到了一次公司内部大的裁员调整，当时李开复的部门也受到波及，他必须从两个业绩不佳的员工中裁掉一位。

其中一位员工毕业于卡内基·梅隆大学，是李开复的师兄。他十多年前写的论文非常出色，但加入公司后很是孤僻、固执，而且工作不甚努力，没有太多业绩。他知道面临裁员危机后，就跑来恳求李开复，说他年纪已经不小，又有两个小孩，希望李开复顾念同窗之谊，放他一马，甚至连李开复的恩师瑞迪教授都来电暗示李开复应尽量照顾师兄。

另一位则是刚加入公司两个月的新员工，还没有时间有足够的表现，但他是一位很有潜力的员工。李开复内心里的“公正”和“负责”的价值观告诉他，应该裁掉师兄，但是旁人都劝他应该留下师兄，裁掉那位新员工。

最后，李开复没有理会恩师和周围人的建议，而是听从自己内心的声音，裁掉了师兄。

乔布斯说："你的时间有限，所以不要为别人而活。"

或许在我们做决定的时候，会有无数的声音在耳边不断地响起，它们就如路上的杂音，会左右我们做决定。这个时候，我们要坚定，顺从自己内心的声音就好。虽然那个决定可能不是最好的，也不是最完美的，但一定是最适合自己的。

要知道，不是每个人的意见都有价值，大部分人的意见没有参考价值，他们所说的可行或者不可行，其实大多都是从自己的内心出发的，跟你根本没关系。

明代书画家文征明一直想画一幅人见人爱的画。经过数月的辛苦和努力，他终于画好了一幅作品，便拿到街面上去展出。文征明在画的旁边放了一支笔，并附上一则文字："如果谁认为这幅画有欠佳之处，请赐教，并在画中标出。"等到晚上文征明带着画回去的时候，他发现整幅画都被涂满了标记——几乎每处笔墨都被指出了不足。文征明心中十分不悦。

第二天，文征明决定换一种方法再去试试。于是他又画了一幅同样的画拿到市场上展出。但这次，他请观赏者将其最欣赏的妙笔之处做上标记。结果是，一切曾被指责的笔墨，却都换被上了赞美的标记。"原来如此！"文征明不无感慨地说道，"我现在发现了一个奥妙，那就是我们不管做什么，都不要去在乎别人的评价，只要有人认可就足够了。因为，在有些人看来是丑的东西，在另一些人眼里恰恰是美好的。"

生活中，我们经常会遇到类似于文征明这样的糟糕困境，无论自己怎么做都会有人不高兴，我们在别人的言论里各种纠结，却忘记了自己原本的需要。

人生是自己的，做任何决定和选择之前，都要问问自己：我是否始终听从了心中的想法？我是否会因为他人的看法或质疑的眼光而埋藏自己心中最真切的声音？我是否会后悔没有听从自己内心的声音？

2. 不要活在父母的期待里

我们很多人都生活在父母的期待里。小时候，父母期待你考试拿个好名次，期待你比别人家的孩子懂事，期待你是一个顺从听话的乖宝宝……长大后，父母期待你学一个好专业，期待你考个公务员，期待你找个离家近的工作……其实你的内心总在反抗，你有你要做的事，你想踢足球，想出去玩，想睡懒觉，有自己想学的专业、爱好和追求……但说出来怕父母伤心，而不说出来便成了遗憾。

1988 年，由彼得·威尔所执导的电影《死亡诗社》一经上映，便获得了无数赞誉。故事讲述的是一个有思想的老师和一群希望突破的学生之间的故事，该片荣获第 62 届奥斯卡金像奖最佳原创剧本奖。

在这部电影中，威尔顿预科学院一向都是以传统、守旧的方法来教授学生的，可是新学期来校的新文学老师基廷却一改学校的常规，让自己班上的学生们解放思想，充分发挥学生们的能力，告诉学生们要“把握当下”，并以该原则行事。

在教学中，基廷要求学生将课本中古板老套的内容撕去，他自由的教学方式让学生开始发现自己的兴趣、爱好、前途和目标。基廷有一个叫尼尔的学生酷爱表演，但是他固执的父亲却极力反对尼尔参加表演，强烈要求他听从自己的安排。

尼尔终于征得父亲的同意，参加了学校的一次表演，并且他父亲也来观看了演出。表演很成功，从尼尔的笑容里可以看出他真的很热爱表演，尼尔和父亲回去后本以为父亲会继续支持自己，可没想到父亲非但不支持，还变本加厉地要求尼尔转到另一个学校去读书。尼尔极度痛苦却无法倾诉，在当晚选择了自杀。

没有谁愿意活在别人的梦想里，哪怕这个梦想最终会被实现，哪怕这个梦想会令自己站在世界之巅。这部电影的结局催人泪下，尼尔的父亲用他强加给尼尔的东西扼杀了尼尔的精神和生命。

当我们心中所想与父母思想不同时，我们应该说出自己的想法，可以对自己不喜欢的事情说不，可以找到一种好的方式去过自己想要的人生。亲情并不是互相迁就那么简单，而是发自内心地希望对方过得幸福。亲情不能凌驾于个人的独立人格之上。

美国超级巨星“小甜甜”布兰妮·斯皮尔斯曾在一次专访中说：“我感到最痛苦的是失去童年。”布兰妮的母亲林恩是一位小学二年级的老师，对她的成长有极大影响。自布兰妮 3 岁开始，母亲就报名让她参加爵士乐、芭蕾舞、踢踏舞等各种训练班。不久，她又开始参加各种体操比赛、地区舞蹈比赛。4 岁时她就参加了选美比赛，烫了头发，涂抹厚厚的唇膏，展示早熟的“性感”。

布兰妮的妈妈从小就有一个明星梦，但她自己没能实现，她决定在女儿身上实现。自布兰妮 2 岁起，她就带着女儿四处奔波，寻找各种可能，将女儿送上荧屏。最终，她实现了这个梦想，她的女儿成为天后。

但是，这不是布兰妮的梦想。布兰妮说，她的梦想就是做一个普通女孩——有快乐童年的普通女孩。她的那些看似疯狂的举动，其实都指向一点——毁掉妈妈强加在自己身上的梦想，去追寻自己的梦想。

她与普通人合影时的灿烂笑容，是她在追寻自己的梦想。她剪掉秀发时说“妈妈会疯掉的”，其真实的意思是：“妈妈，我知道这样做你会疯掉，你就疯掉吧，无论如何，我的人生我做主。”

她毁掉自己一切看似正常而美好的地方，就是因为她将这一切与妈妈的意志画上了等号。

很多时候，我们总是内心忐忑的，如果我没有达到别人的期望，他们是不是就会对我失望？是不是就会因此改变对我的看法？是不是就会不喜欢我？

诚然，我们每个人都是自己生活的重心，每个人都是疲惫而专注的舞蹈者，不会有太多观众关注你是不是按着他们预想的舞步来跳。你总是觉得很多人在关注着你、你辜负了别人的期望。可你的得失对于他们的生活，终究掀不起多大的波澜，他们可以简简单单一句“我相信你可以的”，也可以简简单单一句“你没做到情有可原”。既然没那么重要，那你又为何要因为无关的人而限制自己？

你是为自己而活，只有你最有资格决定想做什么样的自己，这样的你可以不用强颜欢笑、不用瞻前顾后、不用肩负着别人的期望，只要你足够喜欢自己就好了。

3. 选择自己热爱的，而非别人热爱的

生活中有太多盲从的人，别人买了新衣服他也跟着买；别人旅游、健身他也跟着一起；别人选择了学这个专业，他也学；别人面试这个职位，他也去面试……在他的生活里，别人就是他的榜样，别人怎么做，他也会怎么做，从不会考虑这到底适不适合自己，更不知道自己喜欢什么。

小胡从朋友那听说在网上写小说可以赚钱，于是他四下打听，终于注册成功。可以写些小说来赚钱了，他心里暗喜。

可是写什么样的题材他犯了难，写青春校园爱情故事？一个大男生写这个！他摇摇头，否决了。写家庭伦理？都市职场？魔幻穿越？他都一一否决了。他向身边的同学好友寻求帮助，最后在朋友的帮助下，选择了仙侠题材，小说也在朋友的帮助下顺利完成第一章并上传成功。

小说的点击量不断增加，留言也不断增加，有人说男二应该和女一在一起；有的人说这题材不行，太老套；有人说，我想反面人物是魔兽中那样的……说什么的都有，他开始犯了难，不知道应该听谁的建议。第二天，他坐在电脑前反复地打出字，又删掉，就这样始终没能写下去，错过了交稿日期，小说被禁了，不但没拿到钱，还赔进去很多时间。

每个人都应该有自己想要达到的目标，有自己想要为之前进的梦想。为什么不走自己的路，迈着自己的步伐一步一步地坚持走下去呢？为什么要按照别人的

计划前行而抛弃自己的想法呢？做自己，不盲从，这是成功必不可少的。

每个人都是独一无二的，都有其独特的个性，我们不必盲从，正确看待自己才是最重要的。认真按照自己的计划来生活，按照自己本身应该有的节奏来前进。

大胆做你自己，去做其他人不敢想的，不随波逐流，你不是千千万万个普通人之中的一个，你就是你，要坚定自己的想法。

马友友的父母都是毕业留美的高才生，都在证券中心有一份体面而且高薪的工作。或许因为两人都是名校毕业，从马友友出生后，重视家庭教育的父母就为马友友设计好了一条人生路线："做一位出色的经济师！"马友友两岁时，他的父母就开始教他算术。他在一种受命式的努力中，机械地过完了自己的童年。

有一天傍晚，马友友在放学的路上听到一种极为美妙的音乐。他停住脚步往院子里面看去，只见一位老人正在拉大提琴，那位老人拉大提琴的神情无比陶醉，身体随着音乐轻轻晃动，就在这一瞬间，马友友发现自己真正喜欢的并不是数学，而是音乐！

他在门口站了好久，直到那位老人发现了马友友，并把他请进了院子。老人演奏了许多美妙的曲子，还讲了许多关于音乐的动人故事，这一切，使马友友完全迷恋上了音乐。

马友友回家后兴奋地告诉父母关于那个大提琴老人的事情，也说出了自己对于大提琴的喜爱，父母听后不但没有支持他，反而给了马友友一顿劈头盖脸的训斥，马友友痛苦地反驳："为什么一定要学习数学？我并不喜欢数学！为什么一定要和你们走同一条路呢？我觉得音乐是最能让我开心的东西，而且我认为能把自己喜欢的事情做好，那样我会更开心！"

马友友决定坚持自己内心的想法，绝不能让他人来操控自己的一生，哪怕是自己的父母。在那次与父母不愉快的谈话之后，马友友就经常去那位老人那里学习音乐。

任何人一旦做起自己真正喜欢的事情，进步都是特别快的，到马友友中学毕业的时候，他就在曼哈顿得了全市学生音乐会的一等奖，并成功前往哈佛大学就读。直到这时，他的父母才放下自己的成见，全力支持马友友的音乐梦想。后来，马友友的音乐名声逐渐大了起来，许多重要的交响乐团，包括钢琴家伊曼纽尔·艾克斯在内的音乐大师都向他发来邀请，与他一起演奏和表演。

凭借自己在音乐上的天赋，马友友被越来越多的人所认可，并获得了多项殊荣。2011 年，美国总统奥巴马在白宫举行了授勋仪式，为马友友等颁发了代表美国平民最高荣誉的总统自由勋章。

有句话说得好：“当你坚信自己是对的时候，你的世界都是对的。”许多人相信别人很容易，却在“相信自己”这个问题上优柔寡断。有很多失败的创业者在总结自己失败的原因时，其中关键的错误之处就在于他们拥有大多数人盲目从众、随大溜的心理。持这种态度的创业者不敢拟定和选择有自己想法的方案，而是习惯跟在别人后面，盲从、模仿、抄袭。

马云曾对年轻人建议道：“人必须要有自己坚信不疑的事情，没有坚信不疑的事情，那你不会走下去的，开始坚信了一点点，会越做越有意思。”

选择自己所热爱的事情，因为热爱，所以坚持！若总是一味地追随别人的步伐，那么你永远都是别人的影子，找不到自我。没有主见的人是可悲的，他们没有思想，不分是非，很容易受到别人的指使和利用，最终只能步入绝境。

走别人没有走过的路，找到自己热爱的事业，唯有如此，你才能够发现别人不曾发现的东西，达到别人无法企及的高度。

4. 你被别人的“道德观”绑架了吗

2016年夏天，一个名为《阿姨，对不起，我不能给你让座》的公益广告刷爆了朋友圈，很多网友在视频下留言说，看后内心莫名得爽啊。

在我们的生活中充斥着太多的“道德绑架”。你去买东西，一个比你岁数大的老人插队在你前面，如果你和他争吵，可能就会有人说你斤斤计较。

你的工作伙伴不负责任，给你造成了巨大的困扰，而你发飙的时候，她抹着眼泪从你的办公室里一路飞奔出去，很快，你“嘴上不饶人，把人活生生骂哭”的名声就会传遍全公司。

如果你经济基础还算不错，而一个穷人侵犯了你的利益，那么在你对他追究责任的时候，就可能会有人骂你为富不仁。

生活中总会遇到以上的类似情况，而被一些站在道德至高点的人说教，我们是否就要去做一些违心的事呢？答案当然是否定的。

2016年的“十一”小长假，有一对父子去桂林自驾游，在他们途径一片湖泊时，儿子说想下车拍张照片，父亲便将车停在路边，带着儿子下了车。儿子对着镜头摆着POSE，这时父亲的电话响了，父亲发现是自己生意上的合作伙伴打来的，便放下手中的单反，走去一边听起了电话。

电话里，父亲和他的朋友正聊得火热，突然听见“扑通”的声音，自己的儿子与另外一个不认识的小女孩一同掉进了水里。孩子的父亲赶紧放下电话，冲到了两个孩子落水的位置。两个孩子都在水里挣扎，陌生孩子的母亲也冲到河边，但她不会游泳，一个劲儿地喊“救救我的孩子”！不由多想，男人跳下水，游向了自己的孩子，当他将自己的儿子拖到岸边，再想返回去救陌生小女孩时，陌生小女孩已经不见了踪影。

当陌生小女孩被捞出的时候，小女孩的妈妈在一旁痛哭：“我的孩子本来只要他一伸手就能抓到，没想到他游去救了自己的儿子，我的孩子离岸边近，他救完我的女儿肯定能来得及救他的儿子……”

当这个父亲抱着自己获救的儿子遭受众人的谴责时，他含着泪说了这样一段话:“我不能违背自己的心，孩子是自己的肉，放弃自己的孩子去救别人的孩子，大多数人是被社会道德所绑架，一个连自己孩子都不能保护的父亲，不是一个好父亲。我宁愿做一个好父亲，也不愿违背自己的意愿去做违心的事情。我愿意接受大家的谴责。”

人之初，性本善。心存善念固然重要，但如果因为怕别人指责而做违背自己内心想法的事，完全没有必要。每个人都有选择自己生活方式的权利，要对站在道德至高点咄咄逼人、慷别人之慨的行为说不，拒绝道德绑架，遵从自己的内心。

乔布斯说“Listen to my heart”（听从自己的内心），不为别人而活，不被别人的眼光和言行所左右，才能活出真实的自己。

2016 年 5 月，四川达州八旬的老人连同她的女儿一起坐高铁到成都看病，因节后人多，只买到达州到营山的坐票。火车到达南充后，老人被座位的主人请了起来，座位的主人是一位女大学生，老人的女儿恳请她和母亲挤一挤，遭拒。

老人的女儿搀扶着母亲往后走，后面两排年轻人同样视而不见。大约 5 分钟后，一名中年男子为老人让了座。这时，老人的女儿说：“年轻人啊，应该多学学。”女大学生委屈地回答道：“我坐自己位置错了吗？”感觉委屈的女生流着泪给朋友打电话讲她的遭遇。

此事经媒体报道后，不少网友投票并留言表达了自己的看法。在两万多名网友中，仅有不到500名网友觉得女生拒绝让位的行为不近人情。更有网友表示，“不关乎对错！尊老爱幼的精神幼儿园就该学习，记住！”

而另一方面，却有接近两万名网友认同该女子做法。很多人表示：“让不让是自己的权利，不让无可指责。”网友柠檬说：“平时会看情况让座，但越强迫我让，我就越不让。”

在生活中，我们时常见到公交车上老大爷、老奶奶一上车就有意无意地让年轻人让座，否则就是恶言相向、谴责对方不道德，甚至殴打。火车上一家三口带了小婴儿，因他们买的是上铺，由于不方便就占了下铺，当对方说自己提前两天排队才买到下铺而要求其归还时，这对夫妻谴责别人没爱心。

不要用道德绑架一个人的行为，比如让座、救人。就像有网友说的，“阿姨，我之所以不让座，可能有我的理由和苦衷，请您别强迫！”

德国哲学家莱布尼茨曾说过这样一句话：“如果在上帝的能力和善心之间没有一种永久的平行，那这种善心乐意就既不是善心也不是乐意了。如果所谓的‘善心’要剥夺了他人的权利和幸福，这就更不可取了。”道德是用来约束有错的人，不是用来禁锢无辜的人。制定自己的准则，绑架别人的道德，这是一种畸形的价值观。

当你面对道德绑架时，如果能够遵循自己的内心，不被外界的干扰打乱你的节奏；当你如水般平静又汹涌，温柔又无坚不摧时，你已经是最大的赢家了。

5. 发朋友圈，不必太在乎别人有没有评论和点赞

在如今这个信息发达的时代，微信、微博、QQ 等各种聊天交友的软件都成了装机必备。我们经常会在朋友圈看到很多条的动态，如心灵鸡汤、情感控诉、搞笑日常、秀恩爱、秀娃……这早已经成为我们生活中的日常，但渐渐地有很多人会因为评论或者点赞而变得焦虑，其实发动态和朋友圈只是表达自己的一种心情，又何必在乎别人是否给你点赞和评论呢？

小赵的女朋友是个自拍达人，无论吃饭、逛街、学习……生活的日常点滴她都会自拍，并上传到朋友圈。

一次课前她又发送了一张自拍到朋友圈，并暗示小赵去点赞。之后的时间里每隔几分钟都会翻看手机，嘴里还嘟囔着："怎么没人点赞。"

小赵为此很不解："为什么要逼着我点赞？别人的点赞有那么重要吗？"

小赵的女朋友听到他这么说，脸色立刻阴了下来，与小赵大吵一架。

其实，在乎别人的点赞和评论，不过是想得到他人的认同，但肯定和支持是源于内心的，而不是朋友圈的赞。大千世界，芸芸众生，没有人可以赢得所有人的心，又何必硬要有友无类呢？

不管你如何努力，都不可能让你身边所有人都成为你的朋友，即使有敌人也不是什么丢面子的事，所以完全没必要在意别人的诋毁或是赞美，坚持自己内心，用能力证明自己。

被公认为美国历史上最伟大的总统林肯在当选总统那一刻，整个参议院的议员都感到尴尬，因为当时美国的参议员大部分出身望族，自认为是上流社会中优越的人，从未料到他们的总统会是一个出身卑微的人——林肯的父亲是个鞋匠。

于是，林肯首度在参议院演说之前，就有参议员计划要羞辱他。当林肯站上演讲台的时候，有一位态度傲慢的参议员站起来说："林肯先生，在你开始演讲之前，我希望你记住，你是一个鞋匠的儿子。"所有的参议员都大笑起来，为自己虽然不能打败林肯却能羞辱他而开怀不已。

等到大家的笑声停止后，林肯不卑不亢地说："我非常感激你使我想起我的父亲，他已经过世了。我也一定会永远记住你的忠告，我永远是鞋匠的儿子。我知道我做总统永远无法像我父亲做鞋匠做得那么好。"参议院立刻陷入一片静默之中，林肯转头对那个傲慢的参议员说："据我所知，我父亲以前也曾经为你的家人做过鞋子，如果你的鞋子不合脚，我可以帮你改正它，虽然我不是伟大的鞋匠，但是我从小就跟父亲学会了做鞋子这门手艺。"

然后他用温暖的目光扫视着全场所有的参议员："对参议院里的任何人都一样，如果你们穿的那双鞋是我父亲做的，而它们需要修理或改正，我一定尽可能帮忙。但是有一件事是可以确定的，我无法像他那么伟大，他的手艺是无人能比的。"说到这里，林肯流下了眼泪，顿时全场爆发出了雷鸣般的掌声。

林肯以自己是一个鞋匠的儿子为自豪，这种伟大的品质震撼了那些轻视他的"出身高贵者"。林肯用自己的一生来证明：起初你可以耻笑我，但最后你不得不承认我是一个伟大的总统、一个令人敬慕的巨人。

有时也许就是一句蔑视的话，会如冰冷、犀利的针锥一样扎在你的灵魂里，让你难堪、痛苦，甚至成为你一生都走不出的阴影。但可能也就是这句话，成为你人生最大的动力，你会因此而勉励自己：我要做得更好。

人生在世，如果总是患得患失，过于在意别人的态度，将自己的得失建立在别人的言行上，又哪会有开心的日子过呢？别人要误会，让他误会好了，何必在乎？如果有人看不清事实，那纯粹是这个人的损失，与你无关。

别人漠视你，并不意味着你的价值不存在；别人看轻你，你只需自己看重自己即可。如果对方肆意侮辱，而那些侮辱的言辞又都是毫无根据的，你或机智幽默地反唇相讥，或置之不理，或付之一笑，倒越发会显示出你人格的魅力。

6. 做自己而不是演自己

我们面对家人、爱人、朋友的要求时，虽然我们不愿意，但也常常会妥协答应。

当我们感到恐惧而失去信心的时候，别人问："怎么了？"我们会笑笑说："没什么。"把自己伪装得很强大。生活就像一个剧本，我们每个人都是演员，然而很多人都是在演自己，而不是做自己。

快到30岁才发迹的汤唯，之前一直演出一些小角色，在话剧团打打工。但她追求理想的热情并没有消失，而正因为她的这份淡定和坚持，才让她赢得了《色戒》这部电影出演的机会。

有人说，汤唯一举成名，靠的不是导演，不是剧本，而是靠她自己的大胆出镜，如果这个角色让现在当红的大牌女星去演，估计会无人问津，原因很简单，大明星都考虑得太多，而汤唯之所以无后顾之忧，是因为她的真性情，愿意展示出自己最真实的一面。

汤唯从默默无闻到红透半边天，性格却没太大变化，她大大咧咧，随和依旧。2015年，汤唯在与冯小刚导演合作拍摄的《命中注定》电影发布会上，导演冯小刚在谈到汤唯时称赞了她的真性情，冯小刚说："经常一个人（汤唯）背个包就过来，聊剧本的时候，她都是抽着小烟，很真实的一个女孩，一点都不掩饰。汤唯在中国的女演员里头是非常特立独行、真性情的一位，我觉得需要给她一部这样的电影，来表现一下她演绎浪漫爱情故事的才华。"

很多时候，我们并不缺少物质的恩赐，缺少的是心灵与精神上的抚慰，而当越来越多的人朝着物化生活前进时，人们在心理层面上也会越来越多地选择矜持与沉默，为了不使自己受伤，就只好把自己隐藏得很深，有时深到连我们身边的人也感受不到我们真实的存在。

这个世界上有几十亿人，每个人都是不同的，也正是因为这些个体差异才使得这个世界丰富多彩、美好无比。为了迎合别人而抹杀自己个性的人，就如同一只电灯泡里面的保险丝被烧断了一样，再也没有发亮的机会。无论如何，你要保持自己的本色，坚持做自己。

对每个人来说，凡事都要有自己的主见，不要太在意别人的看法。在面对双向甚至多向选择时，决定权永远在自己手中，也许有时候我们自己的选择并不是最好的，但这就是人生。让自己成为掌舵人，即使这艘船在我们的生命里行驶得有点颠簸，我们也会在航行的快乐中到达自己的生命彼岸。如果总是因为他人的看法改变自己，就会活得越来越没有自我，生命也会随之失去意义。

有着民国“四大才女”之称的林徽因在生活中是一个从不矫揉造作的人，她为人处世的坦诚和率真打动着她身边的每一个人，也吸引着每一个人。

1923 年 5 月 7 日，北京的学生举行“五四国耻日”游行，林徽因的男朋友梁思成被军阀的汽车撞伤。林徽因很快得知车祸的消息，她心如刀割，突来的灾难非但没有把两人分开，反而将两个人紧密地联系在了一起。她天天来看望梁思成。

每个下午，林徽因都坐在病床边，热心地和梁思成说话，或者帮他擦汗、扇风、翻身。患难见真情，对于相爱的人来说，这次的车祸升温了两人的爱情。

然而，林徽因的行为并没有得到梁母的赞赏，她认为未嫁人的大家闺秀这样做太出格了，不成体统。尽管林徽因得知梁母的想法后很是苦恼。但她还是天天来照顾梁思成，直到他出院。

相信现实中有很多人都会不切实际地羡慕偶像剧里的男女主角的多彩多姿、丰富多变的生活。其实，我们每个人都是这个世界上独一无二的个体，谁也无法被他人复制与取代，如同世上没有两个同样指纹的人一样。每个人都有一条属于自己的人生轨道，无论这一路上会遭遇什么样的喜怒哀乐，都是生命量身定做、只适合你自己去体会的戏份儿。

通常，大部分人都只是选择性地挑选自己羡慕的对象以及想要模仿的部分。所谓家家有本难念的经，你所钦羡的对象在你看不到的背后，有什么样的烦恼与缺憾，你不会知道，你也不会感兴趣。

什么叫作平淡无奇的日子？每天固定地坐同一班公交车上下班，或许当天出门前还在跟妈妈怄气；中午吃 10 块钱的便当；工作中与同事发生些小争执；到了周末跟朋友看场电影；在假日的夜晚上网聊天，或者参加朋友的生日聚会等。而这些才是生活的主要部分，不是吗？以上这些日常生活中的琐碎细节，全部加起来，就已经是一部人生戏剧，你已经在演以自己为主角的偶像剧了。

生活不一定要有惊天动地的情节才叫精彩，感情也并非一定要有山盟海誓才算真爱。不要一直抱怨自己不能控制与拥有的一切，不要把最真实的自己掩盖，每个人都应演出自己独一无二的一面。你的角色与戏份没有人能够取而代之，你若不能真正发自内心地接受自己现在所能拥有的一切，包括外貌、身材、学历、朋友圈跟工作环境、家世背景，还有所交往的对象，等等，你就会永远没有快乐的一天。因为，一个人最大的悲哀，就是不愿意做自己。

7. 不必讨好所有人

我们身边总会有这样的人，每天为了讨好朋友、老师、上级而活着。他们的行为被身边的人当作理所当然，使得他们自己的处境变得被动。但在讨好别人的同时又会有人说闲话，不被别人接受。与其这样，还不如潇洒地活。其实生活中我们何必在意别人的看法，而去刻意地讨好一些人呢？

欧阳娜娜在小学时，她的成绩总是年组第一名，却被说是因为她妈妈和校长关系好；2011 年，她赢得全台湾大提琴比赛第 1 名，又马上被人说“走后门”。

2013 年，欧阳娜娜 13 岁，她考取世界著名的顶尖音乐学校——美国柯蒂斯音乐学院，并获得全额奖学金。但因其私人原因她决定休学自修。但外界指她因成绩不佳被退学，说了很多难听的话，比如赚钱比拉琴好玩、演技差……

但欧阳娜娜从来不觉得委屈，她说自己小时候希望每个人都能够喜欢她，懂事后才发现不可能。她参加了湖南卫视的“女神生活体验秀”——《偶像来了》，与 11 个前辈相处让她学到很多东西，同期参加节目的赵丽颖对欧阳娜娜说：“不用浪费时间和讨厌、排斥自己的人讲话，因为他们对我们的人生不会有影响。”

生活中不喜欢自己的人有很多，无论你怎么努力、怎么讨好，不喜欢你的人终究还是不喜欢你，你只需要做到无愧于心就好。

其实我们做任何事情，最终的结果都是有满意和不满意之分，我们不可能让每个人都满意，即使你什么都不做，也会有人对你不满意。要想有精彩的人生，就要去拼搏、进取，吾辈乃凡人，世间没有几人能达到老庄“无用之用”的大境界，任何人做事情时，总会有人指手画脚，有赞有弹。

在《伊索寓言》中有这样一则故事：

磨坊主骑着驴和他的儿子一起去逛市集。

一位过路人看见这爷俩儿，便说：“这个当父亲的真狠心，自己骑驴子，却让儿子在地上走。”父亲一听这话，立马从驴背上下来，让儿子骑驴，他牵着驴走。

没走多远，又一位过路人说：“这个当儿子的真不孝顺，老爹年纪大了，不让老爹骑驴，自己却骑着驴，让老爹跟着小跑。”儿子一听此言，心中惭愧，连忙让父亲上驴，父子二人共同骑驴往前走。

走了不远，一个老太婆见父子俩共骑一头驴，便说：“这爷俩的心真够狠的，那么一头瘦驴，怎么能禁得住两个人的重量呢？可怜的驴呀！”父子二人一听也是，又双双下得驴背来，谁也不骑了，干脆走路，驴子也乐得轻松。

走了没几步，又碰到一个老头，指着他们爷俩儿说：“这爷俩都够蠢的，放着驴子不骑，却愿意走路。”父子二人闻此言，呆在路上，他们已经不知应该怎样做了。

生活中，人们对同一件事情的评判标准是不一样的，其结论也会不同。对个人而言，选择基于自己的学识与经验而作出。你是否有过这样的经历——当你认为自己表现非常出色的时候，如果有人肯定你的行为，你会相当满足；如果所有的人都说你做得并不好，你在沮丧的同时也会随之否定自己。人类具有一种先天性的趋同心理，即使是无聊的事，如果是大家一起做也会显得有意思许多。我们往往不是怕自己错了，只是害怕只有自己一个人错了。

所以，一心前行吧，不要被身边的言语所左右，要坚信自己的方向与选择，时刻向着自己的理想进发，相信自己！在世间纷扰的嘈杂中学会淡定从容、宠辱不惊，你不可能讨好所有人，也不必理会他人的指手画脚。

8. 没必要因别人的不理解而自怨自艾

在生活中，无论我们做什么事，总会有一些人有看法，如果介意所有人的看法，很多事情都没法进行，而你也会因为别人的不理解，而后悔、懊恼、怀疑自己。

“我这样做是不是不恰当？”

“我这样是不是伤害了别人？”

“是不是我做得不够好，所以他才不理解？”

……

因别人的一句否定、怀疑、不理解而抱怨、后悔是愚蠢的。不要太在意他人的看法，大胆去做你应做的事。

20世纪90年代，袁立以演员的身份进入公众视野。1998年，袁立主演警匪电视剧《永不瞑目》，荣获第18届中国电视“金鹰奖”最佳女配角奖。

自出道开始，袁立就一直“不按常理出牌”，她直言娱乐圈的问题。在她看来，微博是个交流思想的地方，就像罗马广场。她尊重知识分子与自由表达，但对一些无厘头的辱骂，也会“激烈”地回呛。

有一次采访时袁立穿了一双波点高跟鞋、一件米黄色短装，一副江南女子的温婉模样。但一开口，她直冲冲的性子便暴露无遗：“为什么要来采访我？我有什么不一样？”

访谈中，放松后的袁立脱了高跟鞋，赤脚盘腿，身体后仰窝在沙发上。裤子略短，她随手拿起方形沙发靠枕，盖在腿上，丝毫不顾忌随时抓拍的摄影记者。她说，自己不在乎别人的评价，无论批评还是夸奖。

最近几年，袁立渐渐淡出荧幕，将她更多的精力投入公益活动中。袁立表示，自己进入演艺圈与做公益，是不同的阶段听从内心做该做的事情。她给自己的“演员”身份打 99 分；对自己参与的公益活动，打分却刚刚及格。她期待着沉淀之后重回荧幕，同时继续业已开始的公益路。

走自己的路，做自己喜欢、有意义的事，每个人都不必因为别人的否定而怀疑自己，最重要的是自己知道为什么要这样做，这样做有没有伤害任何人，这样做不犯法、不违背道德、对得住天地良心，这样做会开心快乐，就足够了。

“滴滴打车”的创始人程维在创业之前曾在阿里巴巴集团任职八年，于区域运营和支付宝 B2C 业务上取得成功的管理经验。而他也做到了事业部副总经理的级别。但他并没有满足现状，每次看到有创业者在商海里拼杀，他的心就会泛起涟漪。

2012 年 6 月，程维正式从支付宝离职，打算自己创业。在其创业的过程中，程维先后否决了 6 个项目。有一次，他从媒体上看到有关国外租车软件的报道，但没有搜索到国内有打车软件，便对打车软件产生了浓厚的兴趣。程维咨询了很多专家，但大多数人都说，这个怎么可能做得起来？

最主要的理由是司机不缺订单，路上都是活，为什么要抢你的单？第二个反对理由是，司机都是郊区的农民，哪有人用智能手机的？

程维不信，于是自己打车，接连问了五六个司机，果真没有一个有智能手机，这让他很受打击。但程维并没有因此止步，因为不管别人怎么评价，他依然看好这个项目的前景。

2012 年 6 月，29 岁的程维创办了小桔科技，在北京中关村推出手机召车软件——滴滴打车。从开始的艰难发展，到现在滴滴拥有数亿的广大用户量，他证明了自己。滴滴打车给他带来了巨大的成功与财富，在 2016 胡润 IT 富豪榜上，程维以 120 亿元排名第 28 位。

美国专栏女作家的《人生三十三节课》的其中一课是“别人怎么想，与你无关”。这样做需要一点勇气，但的确有道理。也许我们都有过受迫害的青春——在那段时间里，我们不被理解，活得很难受，就像是一条离开了水的鱼。

可是当回顾曾经的生活时，可以发现，我们并不是一无所有的。感情受挫有友情来弥补，友情受挫有亲情来弥补，亲情不够则爱情来填。其实谁都没有输光手里的最后一张牌，下一步怎么出牌，全在自己手里。幸福总会来的。

第四章

诱惑纷至沓来，别在欲望中迷失

要经得住高薪的诱惑

绝不为一己之利，出卖商业机密

时刻牢记，有权也不可滥用

若是贪心，永远跨不过金钱带给你的坑

谁说『裸婚』就没有幸福

不炫富，不攀比

不为虚名所累

重新发现富有的定义

1. 要经得住高薪的诱惑

仔细观察，就会发现在我们身边总有一些人，他们为了生活不得不放弃自己的理想而选择一些稳定又高薪的职业——当初爱唱歌、爱跳舞想当演员的邻家女孩，最终成为一名公司白领；那个在巷子中运球流畅的小男孩，并没有成为一名运动员，而是听从父母的安排成了一名医生；一心想做出世界上最好吃的糕点的孩子，最后却成了一名律师。当高薪的职位向你伸出手时，你是选择为梦想继续努力，还是为了高薪的工作而放弃梦想？

张宁，某知名大学计算机系本科毕业，外语很好，专业很好，表达能力强。她在一场3000人取2个人的面试竞争中被一知名外企录取，做公司的财务分析。随后几年，她通过自己的不懈努力，最终做到了公司财务部经理的位置，成为公司的中层管理者。

然而张宁并不是很开心，她清楚地知道自己的内心，这种每天会议缠身需要在各种文件上签字却又没有实质决策权的生活，不是她想要的，尽管这份高薪高职、行业对口又基本能够按时下班的工作，绝对是她几年前的奋斗目标。

张宁一直非常向往心理咨询行业，为了这个目标，她利用业余时间考了相关的证件。尽管对这个行业的盈利模式还不清晰，甚至对这个领域的发展潜力也是未知数，但她正积极向着自己的梦想靠近。张宁的做法让周围的朋友十分不解。在有人问她为何好好的工作不干却打算从头再来的时候，张宁想起了当年考驾照时教官对她说的一句话："不要死盯着眼前的路，要看远方，不断调整方向盘。”她觉得在人生的十字路口她已经找到自己该走的方向。

人人都有自己的梦想，但生活还是要继续，赚钱养活自己以及家人也是必须的。都说“鱼和熊掌不可兼得”，很多人拿着高薪却并不快乐，不得不在梦想和现实中抉择，不得不选择金钱而放弃了梦想，不得不顶着压力向现实低头。

在通往梦想的路上难免会有坎坷，也会有很多的诱惑。在你想放弃的时候不妨停下脚步回想一下自己当初为梦想奋发向上的样子。

柴静刚进中央电视台做主持人时，既没有过硬的名校学历背景，也不是新闻专业出身，一开始相当痛苦。但她放低姿态，不问薪资，不急不躁，甘愿从最底层做起。看着自己身边的好友一个个坐在办公室吹着空调，工作轻松而且待遇非常好，柴静并不是没有动过心，但她还是坚持了下来。

她曾在《看见》这本书中写道：“从蹲马步开始学起基本功，流汗流血、风吹日晒，并且还采用最笨拙的办法，像蚂蚁一点一点地搬运食物一样，竭尽全力地去学习。经常自己做策划，观摩同行的节目，上机编节目，熬夜到凌晨三四点是常有的事。”

尽管她的新闻之路布满了艰辛，但是她专注于做一棵属于自己的竹子，在恶劣的环境中默默生长，十年的持之以恒，她成长为我们今天所看到的样子，终于拥有了属于她梦寐以求的成就。

在高薪面前大多数人都经不住诱惑，但有的人放弃了高薪的职业却迎来了更广袤的天地。选择的正确与否，在于你对未来和理想够不够坚定。

再美的诱惑，都只是片刻的欢愉，如若陶醉必会坠入无底的深渊。人生路上，罂粟花不时盛开，只有抵制住诱惑，挥剑斩浮云，大步向前，才能使生命之花绽放得愈加美丽。

抵制诱惑，需要一种坚守、一种淡泊、一种无私、一种清正，需要时刻铭记自己的目的和梦想。名利、权势、高薪如一朵朵盛开的罂粟花，在人生路上诱惑着人们停止前进的步伐。

在诱惑面前，我们要时刻提醒自己，不忘初心，不要因为一时的冲动而遗憾。

2. 绝不为一己之利，出卖商业机密

不泄露商业机密，不仅能体现一个优秀员工对公司的忠诚，而且能彰显一个人的道德品质修养。

现代社会各行各业的竞争都十分激烈，很多公司都把自己的内部运作方式、营销策略、产品开发等当作商业机密，小心提防，以免被竞争对手获悉。假如员工在有意无意中透露出某些信息，就可能导致公司蒙受经济损失。

2003 年，一部由梁朝伟和刘德华联袂主演的电影《无间道》红遍大江南北，电影讲述了在 1991 年香港的时代背景下，香港警方与尖沙咀黑帮倪氏家族互相派遣卧底打入对方内部而展开的一系列斗智斗勇的故事。

虽是电影，但在现实中，很多公司依靠“卧底”让其公司在商战中占尽先机。所谓兵不厌诈，在激烈的商战中，利用间谍获取情报已成为战胜竞争对手的一大法宝。在巨大的利益诱惑下，商业间谍们往往铤而走险。

“为什么大家都在努力，业绩就是上不去？”2014 年，北京一知名公司的工作人员抱怨道。他们发现，公司连续加班五六天做出的策划案，第二天就会被竞争对手原封不动地搬了出来。

让人觉得蹊跷的事还不止这一件。2014 年 6 月底，该公司高管刘天扬发现，他所在的公司高管 QQ 群刚刚发布内部会议通知。没过几分钟，他加入的全国人才市场交流群就闪烁了起来，对手公司的高管略带挑衅意味地对这名高管说：“业绩上不去，开会能有什么用？”

一连串的蹊跷事件让刘天扬提高警惕。他怀疑，公司大量的商业机密已被泄露。眼见客户渐渐流失，公司损失也越来越大，刘天扬决定向警方求助。派出所接到报警后，马上展开调查。经过调查发现，这个高管QQ群中有一个“潜水者”，他很少上线，也很少说话。经过网监部门追查，警方查出这个QQ号的主人是竞争对手公司旗下的一名员工。办案民警将其加为好友，佯装要和他洽谈业务，把他约到天安门广场附近，将其抓获。

嫌犯名叫李文，为了得到更丰厚的薪水，他通过一系列手段获知了这家公司高管QQ群号，并成为“卧底”。该高管群经常在群里发布消息，将营销经营策略、广告创意、客户资料等重要内容上传至群共享。

他第一时间将群内的报表、文档以邮件的方式发到自己公司人员手中，或直接将信息复制到本公司的高管群中。公司同事都能“远程监控”对手公司的商业动态，马上采取行动，以更低的价格来争夺客户。

李文虽然暂时得到了一些利益，但等待他的将是法律的制裁和终身的污点。

社会充满着各种各样的诱惑，其诱惑力深不可测，随时有可能让一个人背叛自己信守的情感、道德和工作准则。有个别员工为了一己私利，无视公司的利益，将公司的商业机密出卖给竞争对手，也有员工对企业内部需要保密的情报不够重视，或故意泄密以换取金钱，或因掌握商业机密而跳槽到竞争对手那里，造成企业商业机密的泄露，影响了企业的竞争优势。

有些人出卖公司的机密，只看到眼前的利益，而看不到企业因为机密的泄露而损失惨重，更看不到自己会被行业遗弃。没有人会器用一个目光短浅、经不住诱惑的人，更没有企业会接受一个出卖公司的员工。

作为职场中人，哪怕是离职跳槽，也要时刻为原公司保守商业机密，如此才符合职业准则，这也是身为企业员工的一项基本操守。

马尔蒂斯是一家金属冶炼厂的技术精英，由于个人原因，他准备换一份工作。

很多公司都给了马尔蒂斯很高的条件，但是马尔蒂斯隐约觉得这种高条件背后一定隐藏着其他的事情。最后他决定去全美最大的金属冶炼公司应聘。

负责面试马尔蒂斯的是该公司的技术部副总经理，他对马尔蒂斯的能力没有任何挑剔，却向他提出了一个问题：

“我们很高兴你能够加入我们公司，你的资历和能力都很出色。我听说你原来的厂家正在研究一种提炼金属的新技术，而你参与了这项技术的研发，能不能把成果带过来……”

不等这位副总经理说完，马尔蒂斯便打断了他的话：“你的言辞让我十分失望，市场竞争确实需要一些非常手段，但是我不能答应你的要求，因为我有责任忠诚于我的企业。”

马尔蒂斯身边的人都为他的回答而感到惋惜，因为这家公司的影响力和实力比他原来的工厂要大得多，在这里工作是无数人梦寐以求的，但是马尔蒂斯却放弃了这个绝好的机会。

就在马尔蒂斯准备去另一家公司应聘的时候，那位副总经理给马尔蒂斯来了一封信，在信中他这么说道：“马尔蒂斯先生，你被录取了，并且是做我的助手，不仅仅是因为你的能力，更因为你时时刻刻都想着为自己的企业保守商业机密，你是好样的！”

一个自律的员工应该具备的基本素质，就是要自觉保守公司的机密，绝对不做出卖公司、出卖老板的事。一般来讲，领导想让你知道的事情就会说给你听，想让你看的文件就会批给你阅，没有讲、没有让你看的就不要问；不该你知道的，就绝对不要去打听；已经知道的，更要守口如瓶。

另外，员工不得在私人交往和通信中泄露公司机密，即便是在家人和亲朋好友面前，也应避免谈及公司的事情，更不能透露公司的商业机密。当对方询问有关公司的事情时，应该采取避重就轻的回答方式。

如果泄露了公司机密，其直接后果就是给公司带来经济损失，而间接影响则不可估量。不管你是有意还是无意的，后果都是严重的，轻则会永不得晋升，重则被公司开除，甚至会受到法律的追究。

3. 时刻牢记，有权也不可滥用

很多人没有拥有权力之前，内心都有一个要大展拳脚的美好的愿望。可是当拥有权力之后才发现，要大展拳脚远不是想象的那般简单。上面还有权力比你大的领导，下面有不服气的下属，自己就像夹心饼，两头受气。困难还远不只这些，最难跨越的是权力带来的诱惑。

很多贪官在写忏悔书的时候都表示，开始的时候，他们还能控制自己，警告自己千万不能走邪路。直到鬼使神差地拿了一次好处也没有被发现，于是，胆子变得越来越大，以至于彻底忘记了自己当初的雄心壮志。

2012年，原山东德州民政局局长刘治温在法庭上以被告的身份进行自我辩护："这些年来，我是严于律己、本分做事的，从没有过贪污的想法。社会福利中心工程投资2.4亿多元，按所谓的潜规则，我应该发大财，但我只让老伴收了熟人送到家里的几笔小钱，就是想占点小便宜，而对其他人送的钱，我都拒绝了……"

跟人们以往见识过的大贪官相比，刘治温收受的这几十万元的贪污款，实在是算不上多。然而，就是这区区几十万元，却断送了一个民政局局长的大好前程。

翻看刘治温的履历，人们可以清楚地看到，在任德州市民政局局长以前，他并没有留下什么瑕疵，而且，正是"由于能力强"，他才当上了德州市民政局局长。令人痛心的是，一朝握有了人民赋予的权力，他就没能再保持"扎实肯干、稳重低调”的风格，而是因“想占点小便宜”，最终断送了自己几十年努力换来的似锦前程，令人十分心痛。

相比之下，他在法庭上的自我辩护，则显得尤为可笑。大庭广众之下，他居然说“如按所谓的潜规则，我应该可以发大财”，言下之意，自己没有发大财，只是占了点小便宜，就受到这样的惩处，似乎是后悔没有去按潜规则发大财。可他怎不想一想，如果他真的发了“大财”，恐怕就真的要像成克杰、胡长清一样“身魂兼灭”了。

滥用职权使刘治温在犯罪的道路上越走越远，不仅破坏了政府机关的组织纪律，更使自己失去了大好前程。阿克顿勋爵有句名言：“一切权力都是人腐化，绝对权力使人绝对腐化。”这句话肯定了权位对掌权者腐蚀的必然性，颇受人关注。

自古以来，人们都更认同权力具有消极倾向，权力似乎具有一种魔力，它会将原本一心为民的人最终变成一个利己主义者。但在坐拥权力的同时更要以身作则，做到清正廉洁，无愧于心，不在诱惑面前失去了本心。

陈执中在宋仁宗时任宰相。“身居宝马三公位”的陈执中虽为一品大官，权倾朝野，但他从不以官高自恃，更不以权谋私，而是处处严于律己，为官清廉。由于陈执中为人正直，勤于政务，所以深得仁宗皇帝的垂青。对此，有人心怀不满，攻击陈执中呆板固执，处事死板，说他不是当宰相的料。对此，陈执中嗤之以鼻，仍不改初衷。有一次，一个谏官对仁宗说：“陛下之所以看重陈执中，是不是因为他曾在先皇面前请求立陛下为太子？其实，他不说太子也是非陛下莫属，他有什么功劳可称道的呢？”

仁宗道：“并不是为了太子的缘故，而是陈执中为相，坚持以国家为重，从不以权谋一己之私，从不做欺骗瞒哄之事，所以我才这样信任他。”这个谏官听皇上这么说，顿时无言以对。

陈执中为相，确实是于公于私都是磊落光明。他决不允许以私害公，更不允许“一人得道，鸡犬升天”的事在他的亲朋中存在。陈执中的一个女婿想找他为自己安排一个好差事，就遭到了陈执中的拒绝。他说:“官职是国家的，并不是个人居室抽匣中的东西，可以随便取用。你虽是我的女婿，但也不能把官职作为私人财物那样轻易拿取呀！”

人性是前行的指向标，只有正确的风向才能使自己所做的事更有意义，能在高位而不以公谋私，“出淤泥而不染”，真正做到用公平公正的态度做事，使百姓获得真正的优惠，使自己名留青史。

社会发展水平越高，政治民主体制越是完善，个人越能正确对待、运用手中所掌握的权力，摆正自己同民众之间的关系，在这时候人之性善就表现出来了。若权力只为极少数人所有，无任何约束力，在这种情况下，掌权者便会失去本心。

孟德斯鸠告诫人们，一切有权力的人都喜欢滥用权力，他们使用权力一直到有界限的地方才休止，这是一条亘古不变的经验，因此他提出了“以权力制约权力的”主张，构成了著名的分权制衡的思想原则。而在我国，人民是国家的主人，拥有权力的人要有足够的定力、坚定的信念为人民做实事，不忘初心。

4. 若是贪心，永远跨不过金钱带给你的坑

人没有欲望不行，没有金钱也不行，但君子爱财，取之有道，欲望过度就会招来灾难。我们完全有能力控制自己的欲望，做欲望和金钱的主人，合理地赚取和使用金钱。太过贪心只会陷入金钱带来的深渊。

刘杰出生于农村家庭，在组织的培养下，一步步走上领导岗位，没有当上“一把手”之前，他兢兢业业、克己奉公、尽职尽责，发挥自己的聪明才智。2008 年，他坐上了昌宁县交通局局长的“头把交椅”。因其思维敏捷、熟悉业务，能迅速进入角色，并创造性地开展工作，取得了令人瞩目的成绩，其工作经验和做法在全市乃至全省推广，他也多次受到领导的肯定和赞扬。然而，随着时间的推移，在一把手岗位上收放自如的刘杰，开始飘飘然，放松了自身学习和党性修养，隐藏在内心深处的贪欲种子，在金钱的诱惑下膨胀发芽。

昌耈二级公路建设项目，便是刘杰打开欲望闸门的第一个“门栓”。2008 年，昌宁县昌耈二级公路建设被列入云南省 52 条路网建设计划，商人金某想在该路建设项目中分一杯羹，于是，盯准了时任该县交通局“一把手”的刘杰，并先后分三次送给刘杰 121 万元人民币。在刘杰的暗箱操作下，金某最终拿到了该项目某标段工程合同总价高达 2 个亿的大单，为表示感谢，金某又先后分三次送给刘杰现金 4 万元。

欲望的闸门一旦打开，对金钱的贪欲便一泻千里。收受钱财后，刘杰的心理经历了从战战兢兢到“平安无事”的悄然转变。正是这一心理的转变，使他

从被动收受，转为主动索取。

欲壑难填，一旦放纵贪欲，所面临的就是万丈深渊。刘杰的思想被金钱占据，党性原则、党员身份、为民宗旨、服务意识等荡然无存，他所剩的只有充满铜臭味的欲望。大肆收受和索取上百万的钱物之后，刘杰并没有住手，反而将贪婪的目光转向了自己所掌管的公款。

在担任交通局局长的5年时间里，刘杰采取签订虚假合同、虚开发票、虚增工程量、提高工程单价、多拨付工程款等手段，套取公路保通抢修费、项目建设工程款等600余万元，用于偿还个人借款、放高利贷，完全将党纪党规置于脑后。

贪婪，最终会彻底毁灭一个人。生活中有些人永远也不懂得知足，他们总是满足了一个欲望的同时，又想得到更多，拥有更多，欲望就会继续膨胀。这永无止境的贪婪，最终会彻底毁灭一个人。

其实，人生在世，很多美好的东西并不是我们无缘得到，而是因为我们的期望太高，往往在刚要接近一个目标时，又会突然转向另一个更高的目标，人要控制自己的欲望。

大多数人都拥有对权力的欲望，但是有时这种权力欲望，恰恰是一个陷阱，会迷失一个人的心智，毁掉一个人的本性。

阿坤经过多年努力，终于从普通会计升到了财务总监，他升职后的第一个春节，一家人围坐在一起，其乐融融，尤其是他母亲，情绪激动地抱着他说：“咱家阿坤有出息，妈高兴。”

也是那年春节，他见到了儿时的玩伴阿响，阿响小学未毕业，现在却是个大老板，阿响对他说：“要想发大财，必须要想条门路。瞧你，在上海混了这么久，连个屁都放不响。”

阿响的话语中带些傲慢、轻蔑，但不是没有道理的，虽然阿响读书时的学习成绩不好，但他脑瓜子灵活，这些年，他做木材生意富得流油，听说在城里的房子就买了好几栋。都说“无奸不成商”，阿坤心里隐约知道，阿响所说的“门路”是指什么。

想想年迈的父母还住在乡下，他竭尽全力也无法在上海为他们安一个家，不禁有些心动：要赚更多的钱，无论用什么方式。

春节过后阿坤回到公司，财迷心窍的他利用职权之便开始挪用公款投资。刚开始，阿坤的运气不错，没多久，阿坤便用公司的那笔钱炒股而狠狠地赚了一笔，这笔钱赚得不少，但对于上海高昂的房价来说却依旧是杯水车薪，于是他铤而走险，几个月后再次挪用公款炒股，不过这一次幸运之神却没有站在他这边，他自己赚的钱赔了不说，连公司的钱也被套进了股市。

阿坤没有悔悟，而是找了个机会再次挪用公司的钱去澳门赌博，只一夜的时间，阿坤身上的钱便输得精光，心灰意冷的阿坤只好选择去公安局自首，因其挪用公款，数额巨大，情节严重，阿坤被法院判处有期徒刑十一年零七个月。

贪欲会把人带向罪恶的深渊，让人失去理智。金钱固然重要，但金钱并不是万能的。如果一个人被金钱蒙住了双眼，便会迷失了方向，也领略不到生活中的真善美，这样的人永远也不会快乐，也寻找不到生命的真谛。虽说缺少金钱不行，但千万不要把钱财看得太重，更不要刻意去追求。

世上有富就有穷，这是世界的法则。做任何事都要量力而行，抬起头来做人，人生才会有高度可言。无论做什么事，适可而止是明智之举，不可贪得无厌，因为你想得到的东西越多，失去的往往就会越多，甚至包括生命。

不要为眼前的小利益，而放弃自己远大的梦想。眼前的利益固然重要，但更为重要的是长远的利益。拥有一个梦想，就要全力以赴。否则，你只能平平庸庸，而不能成就自己昨日许下的豪言壮语。

5. 谁说“裸婚”就没有幸福

“裸婚”就是没有房子、没有车子、不办婚礼、没有婚戒，两个人直接领证就算结婚了。这作为一种新型的婚姻模式，得到了一些人的认可，也遭到了许多人的反对。

反对的人觉得婚姻是需要仪式的，因为婚姻不只是两个人的事，更是两个家庭的事，要得到双方父母的认可，亲朋好友的见证，才能更有幸福感。当然，房子、车子是生活必备品，少了则会影响生活质量。

而支持的人则说，“裸婚”一样可以很幸福。

蒋丽洁和丈夫李天是大学同学，都来自贫困山村，两人相似的家庭背景让他们走到了一起。大学毕业后，两人通过努力都找到了不错的工作。为了给双方父母减轻负担，他们低调地领了结婚证，没有婚纱，没有摆酒，没有一个婚戒。结婚后一起生活在出租屋里，共同为这个家的未来努力着。

别人都以为蒋丽洁和李天会“贫贱夫妻百日哀”，他们却默默地打拼着，几年之后，他们终于买了一套属于自己的房子，也迎来了幸福的结晶——一对健康的龙凤胎宝宝。蒋丽洁说：“虽然我的生活只是上班下班很普通，但是和丈夫一起撑起了这个家，看着儿子和女儿欢快的笑容，我感到无比自豪。”

是啊！幸福不就这么简单吗？平淡而真实！

选择“裸婚”，蒋丽洁从不后悔，也无怨言。正因为“裸”，让他们懂得了珍惜，品味到了两人相互扶持、相伴相依、携手奋斗的幸福滋味。婚姻是一件长久的事，热恋中的男女要用发展的眼光去看待婚姻，而不仅仅着眼于眼前的利益。

同学聚会上小叶的婚姻状况又成了大家的焦点，小叶满脸愁容地说：“我现在成了剩女，没有挑剔的权利，早知道当初应该遇见心爱的就赶紧结婚。”听小叶这么一说，大家都暗自为她叫苦。已经奔三的人了，如今还是待字闺中，也难怪她满脸乌云了。

小叶皮肤白皙，个子高挑，一张瓜子脸，是标准的美女。刚进公司那半年，追求她的人几乎有一个排，起先矜持不已的小叶最后还是抵挡不住工程部李俊峰的猛烈攻势，羞涩地投入了他的怀抱。

然而最终两人还是分手了，因为小叶一直都强调，没有一定的经济基础她绝对不结婚。虽然李俊峰拼命地工作，每年收入都有增长，但小叶始终没有勇气走进婚姻的殿堂。最后，看不到希望的李俊峰选择了离开。所有人都为小叶感到可惜，李俊峰可是一个百里挑一的好男人，人长得英俊，脾气又好，工作也非常努力，对小叶可谓百依百顺，是非常好的潜力股。但这些，小叶始终没有看到。

如今，李俊峰早已事业有成，其他裸婚的同学也都通过自己的努力收获了幸福，有了不错的经济条件，唯独小叶还在寻觅自己未来的归宿。

幸福的生活并不是用金钱来衡量的。幸福是一种深层次的精神体验，关键在于心境，所谓“境由心造”，是也！波斯大诗人俄默·伽亚谟曰“一杯美酒，一卷诗书，地狱于我亦是天堂”，形象地道出了个中底蕴。

婚姻的基础是爱情，有房、有车、有存款并不能够带来爱情，选择“裸婚”

的情侣一定有良好的感情基础，裸婚只是一个阶段，而婚姻和幸福却是持续性的，只要两个人彼此相爱，一起努力，即使结婚时一贫如洗，未来也会过上相对富裕的生活。

6. 不炫富，不攀比

在你的耳边是否会经常听到这样的声音：

“你看我买了 LV 的新款包包噢！”

“我爸从国外出差回来给我带了某牌限量款。”

“我过年压岁钱快上万了。”

“我从不吃路边大排档，既不卫生又不健康，走，请你们去大饭店吃。”

……

很多人在你面前、耳边炫耀着，让你产生了些许的自卑感。攀比之心人皆有之，但攀比的同时会让人变得飘飘然，为了物质而活在比较之中。经常有人说：一个精神生活很充实的人，一定是一个有理想的人，一定是一个很高尚的人，一定是一个做物质的主人而不做物质的奴隶的人。

2016 年夏天，新浪微博疯传一段“00 后”小女生自拍的炫富视频，视频中，小女生秀出妈妈从韩国买给她的包包，并从包中拿出爸爸送的凯蒂猫名表、Hello Kitty 魔法棒、美国买的羽毛球电风扇，还有价值上万元人民币的泰国项链、珠宝发箍，日本指环手表；最后，她戴着酒红色墨镜，开始涂起香奈儿唇膏，骄傲地强调：“这些你们都没有吧！一群穷鬼！”

这个小女生炫富的短片上传至网络后，立刻引起不少网民热议，有网友嘲讽，你爸妈是去义乌了吧！分明都是淘宝货！孩子没见过世面吗？老师作业是不是留得太少？网络上甚至掀起一场炫富大赛，有小学生跟风炫富，有的则是模仿以反讽。

不过，也有网友关心小女生这么做的动机，指出视频中有句“你们这群乡村野孩子，以后不要这样说我”，怀疑她可能是在学校受到霸凌欺负，才想借由拍摄炫富影片扳回一局。

通常，人们喜欢在与别人的比较中感觉到自己的“进步”，但“攀比”很多时候像毒药，一点点毒化着我们的思想，攀比的心理与其说让人厌烦，不如说让人怜惜。因为攀比除了可能带来昙花一现的虚荣心满足之外，更多的是一种挥之不去的无能感、一声疲惫的叹息、一颗隐隐作痛的心。

前些年的网络用语：“羡慕嫉妒恨。”其实也源自于攀比，恨源于嫉妒，嫉妒源于羡慕，而羡慕的根源就在于攀比心理。如果任由浅层次的羡慕发展到深层次的恨，最终它不仅会破坏你健康的人际关系，更会给你的生活带来巨大的隐患。

郭美美，曾在某歌唱比赛获重奖，出演过网络短片，并为平面杂志拍摄过照片。

后因其在微博上以“中国红十字会商业总经理”的虚假身份炫富而备受关注。她先后在网上曝出豪车、名牌包、巨额赌金等。

有网友人肉搜索了她的资料，得知她两年前家境很一般，不知为何一夜暴富。就在人们对于郭美美的“发迹史”纷纷猜测时，北京警方给出了人们答案。

2014 年 7 月 9 日晚，北京警方将正在巴西世界杯期间赌球的郭美美抓获。经过进一步审查发现，其赌球原来只是冰山一角，郭美美不仅参赌，竟然还自己开设赌局，当起了庄家。

此外，警方发现，郭美美还以“商演”为幌子从事性交易、编造“澳门豪赌欠 2.6 亿”的虚假信息炒作赚钱等事实真相也一一浮出水面。

最终郭美美被判处有期徒刑 5 年，并处罚金人民币 5 万元。

人们之间的攀比和炫耀几乎都来自这种虚荣心，也正是因为虚荣，使许多人无法拒绝身边的诱惑，如果我们不能克服这种心理上的诱惑，将永远无法做到真正的优雅淡定。

与其羡慕别人，不如做好自己，肤浅的羡慕，无聊的攀比，笨拙的效仿，只会让自己活在他人的影子里面，烦恼而痛苦。我们每个人都应当认清自己，找到属于自己的位置，走自己的道路，人生，只有越努力才会越幸运。

7. 不为虚名所累

美国心理学之父威廉·詹姆士曾说：“人类本质里最殷切的需求是：渴望被肯定。”在生活中，人人都有虚荣心，很多人不仅喜欢自己的成绩被别人客观地肯定，更乐于自己被别人夸大地赞美，他们喜欢戴高帽子，喜欢虚名，因为一顶高帽子、一个虚名、一个头衔，总能让他们感到活得很体面。

正因如此，很多人一生都在追逐名利、成就、荣誉，梦想着成为别人眼中的成功者。一旦获得一些成绩后便沉醉在自己的世界里，开始不思进取，或是因怕被人超越而被这些名誉所压迫。

还有一些人取得名誉之后，就不顾自己的实际境遇，拼死拼活地要维护名誉，以至于身心俱疲，得不偿失。

哈里是一名长跑冠军，他极看重自己在公众心目中的形象。他得了胃病后，不愿告诉他人，也不及时诊治，将病情当成秘密一样守护，唯恐自己给人留下一个弱者的印象。

终于有一天，哈里再也挺不住了，他被家人送往医院，3 天后便离开了人世。为了保持自己在公众中的“光辉形象”，哈里付出了生命的代价。

现实中，不少人为了追求名誉而影响、损害、丢失性命，这是舍本逐末。有许多公众人物，他们常常在名誉的光环下失去了常人的乐趣，总是想着自己的一举一动、一言一行是否符合自己的身份，就像给自己戴上了名誉的枷锁，没有了自由，也失去了生活的本真。

没有人不喜欢鲜花和掌声，在成长的过程中，每个人肯定也会多次和鲜花掌声打交道。如果你沉迷其中，并且为了保护这份荣誉而损失一切，包括健康的生命，那就是一种愚蠢至极的行为，而这份虚荣心最终会使你丧失一切。

面对荣誉，我们应该保持清醒的头脑，懂得珍惜荣誉，更要为自己争取荣誉，但不能被荣誉所累，不能被荣誉打垮，否则，就逃不脱荣誉的怪圈了。

第一次登上月球的太空人，其实共有两位，除了大家所熟知的阿姆斯特朗外，还有一位叫奥德伦。可很多人只知道阿姆斯特朗，当时阿姆斯特朗所说的“我个人的一小步，是全人类的一大步”也早已是全世界家喻户晓的名言。

在庆祝成功登陆月球的记者会中，有一名记者突然向奥德伦问了一个很敏感的问题：“让阿姆斯特朗先下去，让他成为登陆月球的第一个人，你会不会觉得有点遗憾？”

在全场有些尴尬的气氛下，奥德伦没有为自己争辩，而是很有风度地回答：“各位，千万别忘了，回到地球时，我可是最先出太空舱的。”他环顾四周，笑着说，“所以我是由别的星球来到地球的第一个人。”

大家在笑声中，给予了他最热烈的掌声。

不为虚名所累，不被眼前的花环、桂冠挡住前面的道路，毫不犹豫地抛开一切身外之物，走自己的路，做自己的事，这样才能使自己获得真正的荣誉。

著名的大科学家爱因斯坦说，除了科学之外，没有哪一件事物可以使他过分喜爱，而且他也不过分讨厌哪一件事物。名誉是身外之物，如果我们能够躲过名誉的陷阱，就不会为名誉所累、为名誉而忧愁。如果能够真正体会生活中的艰难险阻与沉浮，就能在痛苦辛酸中得到磨砺，在一次次的沉浮与磨砺中，使我们的生命光彩照人。

8. 重新发现富有的定义

当你问不同的人什么才叫富有时，一定会得出很多不同的答案。有的人会说有花不完的钱就叫富有，有的人会说有健康的身体就叫富有，有的人会说有家人陪伴就叫富有，有的人会说拥有自由就是富有。何为富有，不是用金钱能衡量出来的，富有在每个人心中都有不同的定位。

有一位青年，老是埋怨上天不公平，总是哀叹自己为什么不能成为富翁。他怀疑自己是不是“命中缺金”，于是就去找一位双眼失明的老者算命。

青年向老者诉苦：“为什么我身边的朋友个个比我有钱，而我却总是这么穷呢？”

“穷，你一点儿也不穷！”老者由衷地说道。

“我不能买昂贵的衣服，不能买豪华的跑车，不能去各地旅游，我什么都没有，难道我不穷吗？”青年一脸愁容地说道。

于是老者反问道：“假如让你入狱一年，给你10万元，你愿不愿意？”“不愿意。”年轻人回答。

“假如让你失去双腿，给你30万元，你愿不愿意？”“不愿意。”

“假如让你失去你最爱的人，给你100万元，你愿不愿意？”“不愿意。”

“假如让你马上死掉，给你1000万元，你愿不愿？”“不愿意。”青年斩钉截铁地回答道。

老者终于笑了：“这就对了，你拥有自由，拥有健康，拥有爱情，拥有生命，你已经拥有超过1000万元的财富，为什么还觉得不够呢？”

青年听了这番话后，幡然醒悟，他不再整天愁容满面，不再认为自己一无所有，而是认真开心地过好每一天。

生活中，人们总是盲目地把金钱的数量作为衡量富有的标准。的确，钱是可以让人物质上富足，但精神上的自由、快乐和幸福是买不到的。如果你早上醒来发现自己还能呼吸，就比那些因疾病离开人世的人富有；如果你可以自由地穿梭于城市间，你就比那些失去自由的人富有；如果你每天都能吃饱，你就比那些终年食不果腹的人富有；如果你的亲人都健康地活着，你就比那些在灾难中失去亲人的人富有。

富有来源于内心的满足，贪婪的人即使腰缠万贯，也不是一个富有的人。我们只看到有钱人吃、穿、住、用的奢侈，却没有看到他们事业上一败涂地时的落寞，也没有看到他们因为透支身体使健康亮起红灯时的痛苦。平安是富，无病无灾是富，和睦温馨是富，顺利快乐是富，这些都是金钱买不到的。其实，我们都比想象中的要富有，只是我们总认为自己拥有的不够多，总是想拥有更多。如果你有家人，有朋友，如果你所爱的人也爱你，那么请珍惜这份财富，不要到失去时才追悔莫及。

在央视举办的一届模特大赛决赛上，主持人向参赛选手提出了一个问题：“如果让你们在聪明、富有和美丽三者中选一个，你会选择哪一个？”其他选手都选择了聪明，唯独有一位选手选择了“富有”。她给出的答案是：“富有不一定是物质上的，只有拥有健康、爱情、亲情、友情才是最富有的。”这一回答不仅赢得了全场观众热烈的掌声，更为这位选手赢得了桂冠。

石油大王洛克菲勒说了一句发人深省的话：“我所认识的人中，最贫穷的，就是那些除了金钱之外，一无所有的人。”金钱是财富的象征，却并不等同于富有，尤其无法等同于精神上的富有。

第五章

世界从不公平，努力才有好运足够

世界从不公平，努力是唯一出路

没有拼爹的资本，就拼自己

与其花时间抱怨，不如努力改变

努力不是为了超越别人，而是为了成为更好的自己

即使没人为你鼓掌，也要从容前行

最努力的时候，运气最好

在你取得成就之前，世界并不会在意你的自尊

当才华还撑不起野心时，只有继续学习

1. 世界从不公平，努力是唯一出路

或许你总在抱怨：

“我怎么长得这么矮，我要是有个好身材就可以当模特了。”

“我就是一个穷屌丝，怎么能找到女朋友。”

“我爸又不是大老板，我也不是富二代，开始就输了，努力有什么用。”

“这世界上就是有很多不公平，反抗也没用，只能认命。”

……

生活本就不公平，人从一出生开始，人与人之间就存在着差异，但成功并不只属于那些先天条件优越的人，只有不断地完善自己、提高自己，才能让自己成为更优秀的人。

在俞敏洪还只是一个大学生的时候，他就意识到了社会中存在一种无形的竞争。对俞敏洪来说，这是很残酷的一件事，但他必须面对。刚踏入北大校园时，俞敏洪就因为自己带有江苏农村口音的普通话而被同学们排斥和嘲笑，这对一个学习英文的学生来说，那意味着缺乏沟通和交流的机会。

俞敏洪并没有心灰意冷，而是下定决心改变现状。他开始戴上耳机，在北大语音实验室废寝忘食地练习英文听力，并杜绝了一切娱乐项目，一天十几个小时地狂听狂背，用一种疯狂的学习态度来追赶属于自己的美好未来。

这样疯狂地学习了两个半月以后，他终于能听懂任何人所讲的任何英文，也终于成为一个既会听英文又会说英文的人。当很多同学面对老师讲课过程中

涉及的一些生僻单词哑口无言时，俞敏洪却能将其词性、词义以及延伸意思娓娓道来，令老师和同学们刮目相看。俞敏洪也渐渐意识到，这就是自己的强项，他应该坚持下来，让自己具备在未来世界参与竞争的一技之长。

靠着这样的能力，俞敏洪离开北大的时候，他的英语技能帮助他迅速地找到了出路，也成就了俞敏洪不凡的未来。

身处这个不公平的世界，没有人可以摆脱不公平的生活。渺小的我们不要试图去改变这个不公平的世界，我们能改变的只是我们自己。不要总将抱怨挂在嘴边，抱怨并不能解决任何问题，不能改变我们的出身、相貌、学历，甚至会让我们身边的人产生反感。

华为总裁任正非曾说："鲜花的美丽，没有肥料以及精心照料，是不可能的。当然这些都是必要的痛苦。你选择了华为，你就选择了艰苦奋斗。人要有进取心，要努力，要做出贡献，但是也要有满足感，将自己的力量发挥到最大，就应对人生无愧无悔。少壮不努力，老大徒伤悲，我想各位考上大学，都脱了一层皮吧……所有一切，没有付出，是绝不会有收获的。"

虽然每个人都知道这世界有多么的不公平，但是这个不公平的世界却有一个很公平的规则：你有实力，你就会被听到，你也会得到该有的权利；但若没有实力，无论如何呐喊与哭诉，世界可能还是会冷漠以对。因此，与其把时间花在抱怨上，还不如用这些时间来完善自己。

"改变家人的生活环境，走出山村，同时带动更多的青年大学生参与到创新创业实践中来。"这是安徽丰之惠农业科技有限公司"90后"总经理鲍恩财立志创业的原始动力。

鲍恩财的创业之路注定是曲折的。在校期间，他连续三年申报了学校"科大讯飞"创新创业基金，但均未成功。参加了第一、二届合肥青年创业大赛，第二届中国农业科技创新创业大赛，第三届中国创新创业大赛等，虽通过海选，但均在复赛环节败下阵来。

遭遇挫折不言弃，坚定信念斗志扬。一次次的失败，没有击碎他的梦想，反而让他清醒地认识到只有扎实的专业知识与丰富的实践经验，才能圆自己的创业梦。于是，他加强专业知识储备，掌握扎实的技术和技能。通过参加创业意识培训班，开拓视野，提升创业意识；利用寒暑假，到温室大棚工程建设现场进行基层实践锻炼，兼职为企业做工程设计与预算工作，积攒经验。

这些实践努力让他的专业知识和个人能力得到了显著提升。在第四次申报"科大讯飞"创新创业基金时终于获得了成功，这也更加坚定了他创业的决心。

随着团队的壮大和一系列创新成果的取得，鲍恩财于 2014 年 4 月创办了安徽丰之惠农业科技有限公司。创业伊始，人力物力不足，他和团队成员就自己当起了工人。有一次，来了近 10 吨的钢材，刚下完雨的农村道路特别泥泞，货车陷在泥地里，鲍恩财他们 5 个人花了 4 个多小时才将货卸完，当时大家都累瘫了。

自助者天助。鲍恩财的坚持和努力得到了回报，公司成立不到一年，已签订合同额 200 多万元，完成的项目也得到了客户的充分肯定。初步取得了成功后，鲍恩财想得更远了。他看中了农业建筑的广阔天地，于是决定继续攻读西北农林科技大学的博士，主攻光伏温室领域，希望在此领域闯出一片天地。鲍恩财向学妹传授创业经验时说："我只是认真地做自己想做的事情，即使这件事在很多人眼里似乎并不可能完成，但是我一直坚信，只要一直付出，总能够收获自己想要的东西。"

没在应拼命努力的年纪拼命，就不要怨天尤人，更不要诋毁他人。这个世界本就是不公平的，你要学会适应它，很多人出生时便拥有千万财产，更有很多人出生时衣食无虞；很多人出生便被受瞩目，也有很多人出生便看不到多彩的世界、不能用双脚行走。如果想不被这个不公平的世界淘汰，只能不断努力。

在“2013 中国绿公司年会”上，马云说：“没有人会帮你的，我们也不会帮你，世界就是这样，全靠自己努力。现在世界上失败的案例差不多，失败的人、成功的人背后都有一些秘诀，所以不要期待谁会帮你，反正我们要帮你也帮不了什么忙，你自己帮自己，才是最大的帮助。别相信我们这些人，我们这些人说帮你，其实是自己在忽悠自己。”

很多人说，这是个拼资源的时代，然而，王健林、马云、任正非、李彦宏等这些如今在商界赫赫有名的大佬，他们都没有一个显赫的家庭，更没有生活的金钥匙和数不尽的资源，他们的成功靠得更多的是自己。

要相信，努力是一个人最好的风水。

2. 没有拼爹的资本，就拼自己

“拼爹”是现在社会上普遍的现象，很多富二代的嘴里都说着:“我爸是某某某。”他们可以轻松地得到一份工作、一个无忧的未来。但现实生活中更多的人出身于平民百姓，他们的父母不是富商、官僚、明星。或许你也会说 :“如果我爸是当官的就好了。”“如果我爸是大老板就好了。”“如果我爸……”

生活中，谁不想有李嘉诚这样的老爸？谁不想一出生就顶着炫目的“太子”光环，比起多数人少奋斗 30 年，甚至一辈子衣食无忧？但出身不可选择，如果你没有多金、高权的父母，那么你还有一个最大的依靠，那就是自己。

说起陶华碧，可能很多人不知道，但若是说起她的外号，想必人们会一下子恍然大悟——原来是她。她就是创造了中国驰名品牌“老干妈”的创始人。

1947 年，陶华碧出生于贵州遵义的一个偏僻山村，受重男轻女思想的影响，父母没有让她上过一天学。她从小就给家人做饭，那时，她就喜欢辣椒，用各种作料来调味。

20 岁那年，她遇见一个值得他托付终生的男人，两人携手步入婚姻的殿堂。然而幸福的时光并不长，随着丈夫的病故，为了养活自己的孩子，陶华碧用捡来的砖搭起一间房，开了一家“实惠小吃店”。就在这个时期，她发明了豆豉辣酱，原本是作为辅料送给顾客，大家觉得好吃，便主动来买。那时，看到困难的学生来吃饭，她总是加量或者不收钱，学生出于感恩叫她“老干妈”，久而久之，这个称呼便被叫开了。到她这里买豆豉辣酱的人越来越多，老干妈陶华碧就这样一直守着自己的小店，小日子也越过越红火，1996年在南明区长的支持下，她开办了陶氏风味食品厂，正式推出“老干妈”风味豆豉。

美国著名作家爱默生说：“坐在舒适软垫上的人容易睡去。”依靠拐杖走路，尤其是依靠别人的拐杖走路，是很多人的一种“懒惰心理”。对成功者而言，他们的习惯是：扔掉别人的拐杖，迈动自己的双脚。

古人曾经说“宰相出自州郡，将军出自卒伍”，无论是谁，其能力和才干主要都是通过社会实践磨炼出来的。光有一个好出身、好门第不一定能够做好所有的事。这样的例子很多，最出名的当属“纸上谈兵”的赵括。战国时期，赵括是名将赵奢的儿子，但他打起仗来只会运用理论而不考虑实际，结果断送了赵国的大好河山。与之相反的是，孔夫子三千弟子中有七十二贤人，其中有些人虽然出身于奴隶阶层，可最终却成为政治上和学术上的成功者。

白岩松曾说：我很小就失去了“拼爹”的机会。别人“拼爹”，他首先得有爹。父亲在他8岁的时候就去世了。母亲把他们哥俩养大。

他人生的第一次转折是在他小学的时候。由于贪玩，他竟然考了全班倒数第二名。更让他伤心的是，班主任把全班学生的成绩和名次用毛笔抄下来，贴在了教室后面。每当他看到那张名次榜，心里就像是刀绞一样，没有一点自尊。终于，他找到了一个机会，悄悄把那个名次榜撕掉了。

他的“杰作”很快被班主任知道了。班主任说：“你撕掉名次榜，说明你有上进心，相信你一定会把成绩提高上去的！”他问：“我的基础这么差，能行吗？”班主任说：“相信自己，只要努力，你不会比任何人差！”这次谈话对他的鼓励很大。自此，他变成了一位爱学习的孩子。

白岩松大学毕业的时候，正赶上大学生自主择业，要想找到一份合适的工作，除了需要才学和实力，最重要的是拼爹，而他只能靠自己。

实习时，他选择到国际广播电台实习，他希望通过实习，能够留在那里工作。结果，国际广播电台以没有招收中文编辑的计划而抛弃了他。他买好了前往广东的火车票，打算到广东一家电台碰碰运气，然而临行前一天，他意外地接到系里通知："去中央人民广播电台试试，或许还有机会。"

他被录取了，虽然他得到的职务不是做播音员，只是在《中国广播报》做报纸编辑，但他还是愉快地接受了这份工作，并由此踏上了"央视名嘴"的"养成"之路。

有"拼爹"资本的毕竟是少数，对绝大多数人来说，"拼自己"才是最现实、最积极、最有前途的选择。无父辈的权势、财富、关系可拼，就不妨自己打起精神，鼓足干劲，拼体力，拼汗水，拼知识，拼智慧，拼吃苦耐劳，拼锲而不舍。

在我们周围，有很多靠自己的勤劳与刻苦拼出一份体面生活的成功人士。他们的背景与许多人一样，平淡甚至贫乏，他们的父母与我们的父母同样的平凡普通，同样的非官非富、无权无势。只有通过自己的努力得到的才是最好的，自己学到的知识和经验会让你扬帆远航，经得起风浪。

3. 与其花时间抱怨，不如努力改变

红极一时的《贫嘴张大民的幸福生活》给观众留下了深刻的印象，张大民是一个下岗工人，妈妈得了老年痴呆，妹妹得了白血病，弟兄几个争一间房，住在一间围着一棵树搭建的简易房里……但是“贫嘴”两个字是他解构苦难的一种方式，他能调侃，并不把这些事情当回事。一件事情，你真不把它当回事的时候，它就没什么大不了的了。遇到委屈，内心有愤怒，就得想，这件事情值得你花这么大的气力去计较吗？

想要做到不抱怨，首先要学会接受。一个人学会接受，是大智慧，这种接受要从接受自己开始，学会接受的人就是要首先看到你不可替代的优势，中国老话说：“尺有所短，寸有所长。”每一个人都有不可替代的优势。这里所说的不抱怨，不是认命，不是容忍，不是忍气吞声，而是在接受的前提下，迅速找到你与这个境遇相逢后的最佳方式，找到去改变它最大的可能性。

一个心态积极、乐观的人是有行动力的。抱怨是一种语言而不是行动，当一个人过多地被语言困扰的时候，他会失去行动力。这个世界上的快乐、对社会的价值、对他人的承诺，其实都体现在行动上。爱是一种行动，善良是一种行动，慈悲是一种行动，这一切靠抱怨是无法实现的。

在 2008 年的北京奥运会上，刘翔留给了所有国人一个痛，因伤退赛！很多人不解刘翔为什么当时不愿提及伤病？面对质问，刘翔曾对媒体说：“当时很难，大家过于来保护我，不让我来发出自己的声音，都会为我来说话，替

我说话。”

北京奥运会之后，舆论的压力让刘翔经历了非常低迷的一段日子，用他自己的话说，那段时间甚至有点自闭。退赛事件后，面对网络上铺天盖地的谩骂和嘲讽，那时候刘翔觉得自己很委屈，自己都是尽力而为，尽自己最大努力，为什么那么多人不理解自己。

然而面对现实，刘翔并没有过多的抱怨，在北京奥运之后，他积极配合医生为他设计的康复治疗，仅仅 14 个月之后，刘翔就复出参赛，并积极寻求更大的突破，将熟悉了 15 年的“八步上栏”改为“七步上栏”，力求在赛场上做出最优秀的改变。2010 年，刘翔在广州完成亚运会三连冠;2011 年，刘翔在大邱田径世锦赛拿到银牌……一扫北京奥运会后低迷的人生状态，重新回到巅峰。

我们都知道，抱怨是不能解决问题的，抱怨是无力的表现、愚蠢的行为，与其花时间去唠叨抱怨，不如做到“不抱怨”和全力改变。

“不积跬步，无以至千里。”该有的总会有，控制自己不合理的欲望，做人不偏激，不极端。有些人一味地抱怨自己背景不好，殊不知时代就是你的背景。《人民日报》一篇报道曾说，今天你会觉得你和“别人家的孩子”之间是背景的差距，但再站得远一些，就会发现你的未来与任何人无关，只关乎自己的奋斗。

所以，没什么值得抱怨的，你要做的就是尽职工作，脚踏实地。从一点一滴做起，从细节做起。泰山不择土壤，故能成其大；江河不择细流，故能成其深。说的便是这个道理，只有做好你该做的事，才会不断成长，不断成就新的价值。

与其花时间抱怨，不如做出改变。你处境危难，还有比你处境更糟糕的;你在努力，还有比你更努力的；你感叹上天待你不公，比你更加悲惨的人大有人在。生活的不如意也是绝佳的肥料。你需要锻炼自己的力量,用粗壮的手臂扼住命运的咽喉。很多时候，我们都是在花时间做无谓的遐想、抱怨，结果却依然得不到改变，还是原封不动地呆在原地。

与其成天抱怨你的生活多糟糕,不如做些有意义的事情来改变它。做一个行动派，跟自己的软弱说再见。用抱怨的时间充实自己，做有意思的事情，看书、锻炼、发呆，都可以让情绪得到舒缓。然后让自己平静下来，努力调整心态，寻找更美好的自己。

4. 努力不是为了超越别人，而是为了成为更好的自己

生活中，我们身边总有一些天赋异禀之人，无论你如何努力都追不上他的脚步；我们可能是有些人嘴里的“笨蛋”，但要知道不是每个人都能成为天才和强者的，我们只能做到强于昨天的自己。

王珞丹 6 岁时，妈妈便把她送去舞蹈班学习舞蹈。第一堂舞蹈课，老师教她们平转，所有小朋友都能按照轨迹旋转，只有王珞丹转得跟没头苍蝇一样，教室里十来个同学，快笑弯了腰，这个“笑声”一下子就砸碎了她对舞蹈的幻想。没过多久，她就放弃了跳舞。

17 岁时，她参加北京电影学院的艺考展示环节，绝大部分女同学都选择了舞蹈——芭蕾、民族、古典、爵士、街舞，只有她偏执地唱了一首摇滚，成功地进入北京电影学院。

虽然现在的她早已成名，也成功塑造了很多让人印象深刻的角色，但她内心依旧克服不了对舞蹈的渴望，虽然没有天赋，但是王珞丹还是坚持着练习了几个月。不出所料，王珞丹的舞蹈动作依旧不标准，协调性差，还经常跟不上节奏，她承认自己可能永远无法达到专业舞蹈演员的水平。

面对粉丝的不解，王珞丹说：“我确实没有舞蹈天赋，但是，我也能更好呀，我就是这么个笨笨的、很努力的自己。”是的，每个人都有自己无法克服的弱点和困难，但却可以通过努力成为更优秀的自己。

我们活着的意义并不是为了超越别人，而是敢于在困难中超越自己。然而，在我们的生存哲学里，却带着太多“强者思维”，甚至，在成功学的思考模式中，“努力”这个词的意义也被曲解了——努力并不意味着要竭尽全力做最好的自己，而代表着要超越他人，使自己成为某个领域中最拔尖的强人，把别人都比下去。

可是，并不是每个人的理想都是成为第一，也不是每个人都有机会成为强者——天才和优秀的家伙，永远是生活的少数，绝大多数人拼尽全力也只能做出“爱因斯坦的第三只小板凳”——那个虽然难看却比前两个好一些的手工作品，但我们依旧要全力以赴。

2004 年，一部专门描写春丽传奇一生的同名电影《春丽》，正式开拍了。这是日本电影史上首次以赛马为题材的纪实电影。那么，春丽到底有什么样的传奇故事呢？

春丽是日本的一匹明星赛马。它之所以成为明星，不是因为它能征善战，恰恰相反，在它的赛场生涯中，它从来没有赢过。在它连败第 88 场之后，高知县报纸对它作了专门介绍，由此春丽一举成为当地的明星。

为了让春丽尝一尝夺冠的滋味，2004 年 3 月，由日本人气最旺的骑士武丰来担任春丽的骑手，这次赛马的成绩，连日本首相都在关注。

然而这场比赛，春丽却在 11 匹马中，跑出了倒数第二的成绩。按说，它已经让关心它的人失望透顶了，但大家非但不厌弃它，反而更加喜爱它。人们继续为它呐喊加油，为它高唱《春丽之歌》。歌中唱到：“今天仍然是最后一名，还是不行啊，我是不气馁的春丽，一心一意朝着自己坚信不疑的道路前进。还要继续努力的春丽，梦想的终点一定会到来。”

冠军的桂冠只能属于极少数人，绝大多数人会像这匹名为春丽的马一样，即使付出全部努力，也只能在挫折、失败中度过一生。虽然春丽屡战屡败，但是日本公众看重的，正是它不懈的努力。一匹从来没有赢过的马，每次出场却都精神抖擞，尽全力奔跑，从不懈怠，正是这一点，感动了广大日本民众。

不是每个人的梦想都是挣很多钱、出人头地，大多数人都在享受着自己的小幸福，平静地当个快乐的普通人。在普通生活中用自己的努力享受着不普通的美好，这就足够了。生活也不是为了去和别人比较谁好谁坏，而是与从前的自己比较，只要今天的你比起昨天有了进步，这就足够了。

5. 即使没人为你鼓掌，也要从容前行

当我们在生活中独自承受着种种压力，在无尽的黑暗中逡巡前行时，要不断告诉自己，即便没有人为我们加油打气、摇旗呐喊。我们也要完成属于自己的那段旅行。因为，只有走过荒芜，才能赢得真正的掌声。但凡事业有成之人，往往经历过一段没人支持、没人理解的黑暗岁月，只要能挨过去，黎明便会随之来临。

“想唱就唱，要唱得响亮，就算没有人为我鼓掌，至少我还能够勇敢地自我欣赏。”当年的《超级女声》捧红了很多的“超女”，而当时刚满20岁的张含韵也成了那个时代最具标志性的偶像。

在2004年的《超级女声》选秀中，张含韵以仅仅20岁的年纪就拿到了季军，并作为当年最具人气的选手，迅速走红。接下来的几年里，张含韵不停地出唱片、接代言、上通告，张含韵的人生走向辉煌。然而因经纪公司的经营变动，她的工作量的巨幅减少，一度销声。

可这个姑娘并没有就此消沉，她选择为自己充电学习，终于在这两年通过电影《初恋未满》和电视剧《兰陵王妃》《因为爱情有多美》等作品回归，重新出发的张含韵焕发出了不一样的光彩。

如今，张含韵已经全面复出，而在她所参加的真人秀节目《偶像来了》中，这个姑娘所呈现出的笑容与正能量更是让网友直呼：这么好的张含韵，值得最响亮的掌声。

人生的赛场常常有这样的画面:赛道两旁是朋友助威的呐喊，身后有亲人关注的目光，我们享受着亲朋们的赞美与喝彩，那是我们成长过程中快乐的源泉。但是，成长的路上伴随更多的还是打击。甚至，在你蹒跚的身影之后还有无数的诽谤和嘲讽。

那些只习惯于繁华锦簇的春天的生命，如何度过群芳凋零的冬天?那些被众星捧月般拥戴和欢呼的人，不经受孤独和冷落，如何积蓄一种于困境中自信从容的大气?

孤独和痛苦检验着生命的弹性，让人更真切地感受生命的硬度和精神的韧性。我们生命的最大值正是在这种承受和忍耐中求得的，而不是以他人的喝彩为砝码来度量的。

生命是一次旅程，旅程中总会有风雨，不管风雨多大，也不管风雨中是否有人陪你同行，只要你想站在布满鲜花的舞台上，即便没有掌声也要前行。

素乐团，是由主唱罗卿、吉他手王凯、贝斯手王路遥、鼓手欧阳俊四个“70后”青年组成的一个湘西本土摇滚乐团。

由于受旧观念的束缚，父母认为玩音乐是不入流的事，曾极力反对他们以此为职业，但满腔热血的他们还是毅然踏上了“北漂”之路找寻自己梦想的出口。

起初，刚到北京时租房子，由于要每天练琴、打鼓，在哪租房都会被房东驱赶。最后只能住进北京东三环的废弃荒地中的一个平房里，一面是臭水沟，另外三面是垃圾堆，在这里一待就是七年。

后来，他们在湖北省吉首市建立了楠木音乐琴行，用音乐培训的收入来支撑他们的音乐梦想。如今，他们早已过了不惑之年，时间除了赋予他们成熟的魅力，也使他们对音乐的理解更为透彻。他们的音乐来源于生活，每首歌都是在讲一个生活的故事，真实而富有情感。这四个对音乐“上瘾”的老男孩说：“我们玩音乐不是为了‘火’，而是因为‘爱’，当热爱变成一种习惯，即使无人喝彩也要继续前行。”

现实里，对人生抱着消极态度，认为自己的人生将以碌碌无为而告终的年轻人并不多。但是，一旦面临困难，几乎所有的人都会脱口而出，说自己“不行”。

绝对不要说“自己不行”！面对难题，我们首先要做的就是相信自己。然后必须对“解决问题的能力怎样才能提高”进行具体深入的思考。只有这样，通向光明未来的大门才会被打开。

同样的，即便无人喝彩，也要守住自己的人生。无论社会怎样浮躁，我们都要坚守自己的底线，纵然独自一人走过漫漫长路，也要耐得住寂寞、受得了孤独；即使路上风起云涌，也要保持头脑清醒、坚守自我本色。守住自己的人生，坚信自己的选择不会错，坚持一定会有回报。

6. 最努力的时候，运气最好

“他运气真好，能到那么好的公司上班。”

“她也就是运气好吧，平时看着也不出众，不然怎么可能评上优秀员工。”

“他一定是上辈子积德了，上天眷顾他，才让他娶到这么贤惠的妻子。”

“她有什么能力，还不是靠着上天给她一张好看的脸蛋，才得到这次机会的。”

……

在生活当中，看到别人得到一次机遇，总有人将这些归功于运气，而我们看到的只是结果，未看到那些人背后的努力，就像那句广告词一样“你只闻到我的香水，却没看见我的汗水”。努力的人才能有好运气。

1991 年，佛罗里达州大学心理学家安德斯·埃里克森领导了一项实验，他对柏林音乐学院的 3 组小提琴手进行调查，第一组小提琴手是最杰出的，第二组未来将会在交响乐队中弹奏小提琴，第三组可能走上支教的道路。经过多年的调查，他发现第一组小提琴手用来练琴的时间多达一万小时，第二组为 8000 小时，第三组却只有 4000 小时。

第一组小提琴手之所以成功，原因在于“努力”，努力让一个人不断进取。而我们年轻的一代，对待人生难道不也应有这种态度吗？借着这些反面现象在取得成功时多提醒自己，这些远远不够，自己仍需努力。看到别人的成功不要一味地妒忌，应是取长补短，让自己进步。

在现实生活中，好运气往往在少数人的手中，而这些少数人定是比大多数人努力的。林肯说过："原地等待的人也许会有所收获，但收获的都是那些努力的人剩下的东西。"那些只会等待幸运降临的人，或许幸运永远都不会来。你是选择无所事事地等待幸运到来，还是努力寻找你自己的幸运？有人认为，命运会为他安排好一切，于是等着幸运之神把梦想装在银色盘子里送到他面前。这种想法显然是错的，成功的人并不是在原地等待成功的到来，而是拼命努力以获得成椤。好运气意味着行动，只有行动起来才能带来好运气。

有一次世界级的网球大赛，比赛开始前按照惯例要先抽签。其中有一个小组因为成员大都是实力强大的选手，被称为"死亡之组"，没有人想抽到这个组。

抽签的结果很快出来了。

"我的命怎么这么不好啊！苦练了这么多年才得到这个机会，可第一轮的对手都这么强大，这比赛还怎么打？"一名球员情绪有些激动地吼道。他们抽到了这个小组的年轻球员们都在感叹自己命运太差。

这时，一个叫纳达尔的小伙子默默地拿起球袋走开了，他也抽到了这个组。他在僻静的角落里反复挥拍，不断地纠正自己动作上的错误。有人问他："不是已经被分进'死亡之组'了，现在努力有用吗？""我不知道别人是怎样看待命运的，我只知道，一个人只要努力，就能为自己赢得好运！"纳达尔说完之后，没看其他人一眼，而是继续练习。

正式比赛那一天，纳达尔刚上场的表现相当一般，对手的实力明显比他强许多，得分几乎是一边倒。

可随着时间的推移，观众们渐渐发现纳达尔打起球来非常拼命，很多大家以为他肯定接不起来的球，他都能不可思议地接住。尤其是在对手打出一记漂亮的反击之后，所有人都认为纳达尔跑不回去了，可谁也没想到，纳达尔竟然飞身扑了过去，抢在球落地之前又打了回去。

现场鸦雀无声，一片寂静。脸上沾满了泥土的纳达尔吹了吹手臂伤口上的细砂，捏紧拳头大吼一声，对手彻底被纳达尔的气势压倒了。

那天，对手输了，不是输在技能上，而是输在精神上。那次比赛，让初出茅庐的纳达尔一战成名。

不要把运气不好当成自己浑噩度日的借口，只要你再敬业一点，再努力一点，离理想也就更近了，好运气也会光顾你。

成功者之所以成功，并不是因为他做了多么了不起的事情，或是他有多么好的运气，而是因为他在小事情上做到了极致。《士兵突击》中有句台词：他做的每件小事就好像要抓住一棵救命稻草一样，到最后你才发现，他抱住的已经是参天大树了。不管是跑步，还是单杠，许三多都用他最大的努力去练习，这才铸就了最后的兵王。其实成功很简单，把小事做到极致，自然就能够掌控大事；把努力挥洒到极致，天赋就不会再成为借口。生活、学习、工作，都是由一件件小事情组成的。所以，静下心来，好好努力。你付出的每一分努力，都在引领着你向好运气靠近。

7. 在你取得成就之前，世界并不会在意你的自尊

2016年，微信朋友圈里很多人纷纷转发了这段话："这是一个充满物欲与浮躁的时代，没有人在意你想什么，也没有人留心你在做什么。在你做出成就之前，你要忍受拷问心灵的寂寞孤独，端正愤世嫉俗的倾斜心态，抵御时常袭来的诱惑冷箭。如果尚没有功成名就，就不要过分强调你的自尊，失去了成功的保护光环，自尊只是一张薄薄的纸，谁都可以轻易地捅破它。"

如果我们丢不开面子，放不下尊严，扮演不了在众人的嬉笑中不断进步的角色，那么我们只能是生命中的看客。在很多的时候，我们能放得下自尊，人生才能取得更加长远的成就。

现实中有这样一个行业，平常人很难想象，甚至在遇到该行业的从业者时，大多数人都会避之唯恐不及，这个行业就是入殓师。他们终日与各种各样的遗体打交道，在他们手里，一具具遗体变得不再恐怖。

说起入殓师这种职业，"80后"的刘继峰并没有觉得有多么"特殊"或者"难以启齿"。不过世人的异样眼光，却让他总能感到自己的"特殊"，也让他在与人相处时更加小心，生怕引起别人的忌讳。

虽然刘继峰颜值不低，气质也很出众，可他却一直没有对象，为此家人很着急。母亲四处托人给他介绍对象，单位的同事也纷纷牵线做媒，可对方一听刘继峰的职业，直接就没了下文。尽管如此，刘继峰从来都没有想过要放弃自己的工作。

上天不会忽略任何一个努力的人，刘继峰在一次聚会上遇到现在的爱人小方，一个漂亮又知书达理的姑娘。女孩的父母都是医生，家就住在医院太平间附近，所以对刘继峰的工作不是很忌讳。

在这对新人结婚的第二年，刘继峰就用自己的积蓄在医院太平间附近盘了一个铺子，开始做起了寿衣店的生意。在寿衣店开业的头一年，他单卖寿衣冥纸一年就赚了 30 万元，还不加坟墓代理、骨灰盒代理。而且做刘继峰这行，没人赊账，东西拿走就给现金，也没什么讨价还价的，基本是多少就多少。三年后，刘继峰的生意越做越大，他在市里其他医院附近又盘下两个店铺，三个店铺每年给他带来的纯利润已经超过 100 万元。但是刘继峰并没有辞去入殓师的工作，虽然这份工作的工资在现在寿衣店的利润面前显得微不足道，但刘继峰说是因为入殓师他才做的这方面生意，做人不能忘掉自己的初心。

刘继峰的经历在他的同学中间引起了热议，其中有同学公然宣称要跟他去卖寿衣。当然，反对的声音也有不少，有人认为 :“这简直是人力资源的浪费！是中国教育的悲哀！”更有人说 :“打死我也不会去卖寿衣的，哪怕一年 100 万元的利润。”他的同学虽然对刘继峰的评价褒贬不一，但不可否认的是，刘继峰用自己的亲身经历告诉人们:不要害怕丢面子，更不要因为害怕伤自尊而觉得难堪，把这当成是对自己的磨炼，才能让我们离成功更接近。

一个能够放下自尊去做事情的人，看到的是目标结果 ; 那些还停留在一无所有却又无比渴望成功的人来说，如果过度在乎自尊，不愿意放下身段去做事，迎来的只能是失败。

比尔 · 盖茨说过 :“世界不会在意你的自尊，人们看的只是你的成就。在你没有成就以前，切勿过分强调自尊。”无独有偶，当年北大毕业生陈生放下身段去卖猪肉，质疑声四起:高等学府毕业生的自尊何在？但如今，他的猪肉连锁店开了 200 多家，创造出了自己的品牌;当初质疑他的人都向他竖起了大拇指。谁又能说他现在没有自尊？倘若他当初过分强调自尊，不愿放下身段去做事，又怎么能在平凡的职业上创造出不平凡的人生？

不要为了自尊逞强，也别让自尊挡了自己的路，有时候自尊会成为你事业上的绊脚石。也许放下了面子，努力朝着目标的方向迈进，就能获得事业的发展和成功，毕竟自尊不能代替面包和奶酪。你若事业有所成就，那之前放下的自尊会被抬高到一个新的高度重新闪耀着光辉和自信，你若平凡而无所建树，那你即使是自持身份，再强大的自尊，也不会被人注意到。所以，宁可做放下自尊的成功者，不要做死要面子的失败者。

8. 当才华还撑不起野心时，只有继续学习

每个人都有野心，每个人都想成功，无论是事业还是生活。但成功的过程却很艰难，有的人选择苟且，有的人选择改变，有的人选择沉淀下来继续充实自己。《中国合伙人》里面有一句台词："当你的才华还撑不起你的野心时，那你就应该静下心来学习。如果懒得学，那么请放下野心。"

小惠大学学的是人力资源专业，所以她一直梦想成为一位资深的HR。大学毕业后经过多次面试，小惠终于被一家台资企业录取。小惠以为可以大显身手，却发现上司安排给她的都是一些小事，比如送资料、接电话、录数据。没过几天她就厌倦了，觉得自己完全可以胜任难度更高的工作。

她的浮躁被上司看在眼里，某次公司需要招聘一位非常重要的高管，上司把在猎头那里拿到的一叠简历交到她手上，让她选出一位适合的人选，并且想尽办法把对方挖过来。小惠犯难了，她既不知道该怎么从这些简历里找出合适人选，也不知道该用什么方法把人挖到公司。

上司微微一笑说："小惠，我知道你有抱负，但任何一份工作都需要慢慢累积经验，只凭学校里的理论是不行的，想要做大事，必须把小事做好，厚积薄发才是职场之道。"

小惠明白了，开始踏踏实实地上班，努力把基础的工作做好。

若我们在平凡的小事中发觉自己的能力与想象中的差很多，那就停下来继

续努力。能力不够，就靠勤奋学习来弥补！无论是读书还是参加培训，或者虚心向同事请教都可以，相比于静静地等待时间的过去，选择主动前进会更好。

2008 年，“北大保安哥”甘向伟通过自己的努力学习，以曾是北大保安的身份考进了北京大学中文系，震惊了很多人。这个时代，稍微有点儿上进心的人都在奋发图强、力争上游。不断学习并且不放弃，一直是成功人士的终身诺言。

成功是个不断进步的过程，无论你有多大的抱负，也要不断地进步。虽然生活总是不如意，但你更需要沉淀，静下心来充实自己。一次两次的失败，更能成就你的未来。

有句话曾说：“当你的才华还撑不起你的野心的时候，你就应该静下心来学习；当你的能力还驾驭不了你的目标时，就应该沉下心来历练；梦想，不是浮躁，而是沉淀和积累，只有拼出来的美丽，没有等出来的辉煌，机会永远是留给最渴望的那个人，学会与内心深处的你对话，问问自己，想要怎样的人生。”

米字街头的彷徨，遵循内心去选择

第六章

听多数人的意见，和少数人商量，自己做决定

如果你什么都想要，可能什么都得不到

你不需要和别人做一样的选择

选择适合自己的位置

人生只有一次，选择你喜欢的生活方式

不后悔，从未有十全十美的选择

人生是你自己的，要为自己的选择埋单

1. 听多数人的意见，和少数人商量，自己做决定

生活中，很多人没有勇气自己做决定，总是听从别人的意见，不是他们足够温顺，而是如果结果不好，他们可以为自己找借口。

对于生活中的所有事，你敢做决定吗？练就果断地做出决定的能力，可以令你不再为自己找借口，并在很短的时间里让自己彻头彻尾地改变，不管是家庭、事业、心态、健康、收入，还是人际关系。

有些人经常抱怨他们的工作，但当被问起为何还要去上班时，他们的答案差不多全是千篇一律："不工作我怎么生活。" 难道这些人真是如此无奈吗？事实上，他们不必每天一成不变地去上班，不必十年如一日地做相同的事，只要他们敢于做个决定，从此要重新生活，不再像以前一样就可以了。

同样地，此刻你也可以做个新的决定，只要你真心想这么做，就没有什么事能够难倒你。如果你不喜欢目前的工作，换掉它；如果你不喜欢目前的个性，改变它；如果你不喜欢目前的体能状况，锻炼它。只要你对自己任何方面有不满意的话，都可以改变它，不过先得做出决定，这样人生才能所改变。

2006 年的一天中午，Robin 约任旭阳一起吃午饭，席间说到百度当时的形势与未来的发展方向，谈到了国际化时机将要成熟时，Robin 忽然问："你觉得我们现在进军日本市场如何？"

任旭阳一愣，他听完 Robin 的分析，虽然内心认可但依旧心存顾虑。没过多久，Robin 和任旭阳一起到日本进行考察，连续拜访了多家日本互联网公司，

请教了七八家有成功国际化经验的中国企业。

回国后，任旭阳马不停蹄地整理了调研结果给Robin，非常欣喜地说："这些调研确实证明了你的推断，进军日本是百度国际化第一步的最佳落点。"

公司内部首先成立了由技术、产品部门抽调来的骨干组成的日本项目小组，在小组的讨论中，很多人心存疑虑："百度不是更懂中文吗？为什么要进军日本呢？"

一天，Robin发邮件给任旭阳问："百度进军日本的计划你觉得何时可以正式启动？"

任旭阳有些担心地来找Robin："内部意见对于进军日本似乎还存在分歧，怎么办？"

Robin没有回答，而是反问道："前期听取各方意见后，你的判断是什么？"

任旭阳迅速说："现在正是走出国际化这一步的最佳时机，虽然一定会面临不少的难题，但日本肯定是最合适的第一落点。"

Robin点点头："我同意你的看法，听取多数人的意见，与少数人商量，决定还是要自己来做，因为你才是掌握最全面情况的人。"

任旭阳如释重负地笑了："好，我们就在这个月开始启动计划吧。"

上述案例中的做法显露出东西方企业智慧的结晶：听取多数人的意见，是民主；和少数人商量，是为了快速获得做出判断的依据；自己做决定，是民主基础上的"集中"。

当你做出一个崭新、认真且坚定的决定时，你的人生在那一刻会发生改变。当你明白了决定的真义，便会晓得这样的力量、能力早就蕴藏在自己的身上，它不是少数那些有财、有势、有背景的人的专利品，而属于所有的人，不分达官显贵还是贩夫走卒。你手握一本书就可以支取这个力量，只要你敢于拿出自己的主见。

自己想要什么，只有自己最清楚，别人的意见在这个时候并不起决定作用。很多人常常受别人意见的影响，比如高考报哪所学校，读什么专业，毕业后要不要继续读研，找什么样的工作，跟什么样的人恋爱、结婚、生小孩，等等。亲戚的意见、朋友的意见、同事的意见，甚至论坛里网友的意见都要考虑……问题的关键是，我们究竟要过谁的一生？每个人的一生都是完全独立的，不是父母的续集，也不是儿女的前传，更不是朋友的外传，只有我们才能对自己的一生负责，别人负不起这个责任。

自己做了决定，不管结果如何，起码没什么可后悔的。对于大多数智力正常的人来说，所做的决定不会存在大的对错，无论哪一种选择，都是可以尝试的。

2. 如果你什么都想要，可能什么都得不到

有的人既想去创业，又放不下现有的工作和安逸的生活。

有的人既想步入婚姻的生活，又想过自由无牵绊的生活。

有的人既想去看看外面的世界，又想家人和朋友也在身边。

……

大多数人的欲望都是无休无止的，想拥有更多财富、更高的社会地位，想拥有可以自由支配的时间、一群拥护自己的死党……可如果你什么都想要，通常什么都得不到。有欲望是好事，它可以推动你前行，增加你的信心。但如果欲望太强烈，想要的东西太多，往往会事与愿违。

张峥本科毕业后，顺利进入北京的一家外企工作。拿着较为丰厚的工资。但他发现公司研究生的工资更高，于是不安于现状的他报了考研学习班，每天下了班以后花三个小时时间学习，忙到很晚。有时候公司加班应酬，他便两头顾不过来。张峥的父母是做生意的，希望他在社会上经过历练以后可以接管家里的生意，于是他又不得不抽时间看一些经济、营销方面的书。

他希望把每件事都做好，但超负荷的工作和学习让他筋疲力尽，他在负责的一个项目报告中弄错了几组数据，给公司带来了巨大的损失，也因此被迫离职。备受打击的他在考试中也发挥失常，没有通过考试。

对于年轻人来说，有些事并不急于求成，要努力，但不要给自己过多压力。

做好眼前的事情会有更大的收获。学会取舍，学会满足，不要总觉得自己拥有的不够多，而在去追寻的过程中失去更多。

人有时候也需要一点“阿Q精神”，无论什么情况，都让自己处于一个幸福的状态，而不是时刻紧绷的状态。有幸福感的人对生活充满希望，无幸福感的人会变得越来越悲观，不但影响事业，连身边的人也会远离他。

有一家大公司招聘职员，其中一道试题是这样的：在一个暴雨肆虐的晚上，你开车经过一个公交车站，发现站上有3个人在等公交。在这3个人中，一位是曾经救过你的医生，一位是你的梦中情人，还有一位是看上去好像濒临死亡的患病老人，而你的车只能载一位乘客，你选择谁上你的车呢？

每个人的回答都不一样，有人选择医生，因为医生是自己的救命恩人，不能不知恩图报；有人选择患病的老人，因为老人已濒临死亡，应该马上把他送到医院；有人选择自己的梦中情人，人海茫茫，或许错过这次机缘，以后就再也无缘相见了。

什么样的答案都有，并且每一个答案都有合理的原因。在众多的应聘人员之中，只有一位年轻人的答案让老板非常满意，并最终聘用了他。

年轻人的答案是这样的：将车交给医生，让医生送病人去医院，自己留下来和梦中情人一起在雨中等待下一辆公交车的到来。

人生有很多类似的选择题，关键是做好选择，因为方向比速度更重要。太过贪心不仅会让自己身心疲惫，还会看不到身边的美好，感觉不到拥有的幸福。就如某个寓言故事讲述的那样：有两个人走进一个全是珠宝的山洞，一个人拿走自己需要的几根金条便离开了，另一个人想要全部的东西，于是不停地往口袋里装，但是洞门关闭了，他死在了洞里。

人生最难能可贵的就是懂得努力，同时又学会满足，凡事量力而行。

3. 你不需要和别人做一样的选择

我们经常撕心裂肺地呼喊："为什么我不能按自己的想法生活？"但到了需要选择的时候，我们还是会轻易地遵从别人的建议。我们应该懂得"鞋子合不合适只有自己知道"的道理，别人的意见只能是个参考。如果别人的意见能轻易地左右你的决定，那只能说明你不够成熟。不要事事都听别人的，应该多听听自己内心的声音。一个不断地复制别人选择的人，最终只能成为别人的复制品，要做一个有主见、有独立思想的人。

著名的女打击乐独奏家伊芙琳·格兰妮之所以能成功，正是因为她是个有主见的女人。她出生在苏格兰北部一个农场，很小就对音乐产生了浓厚的兴趣。随着年龄的增长，她也慢慢坚定了自己的音乐理想。但不幸的是，医生告诉伊芙琳·格兰妮，她的耳朵将在 12 岁时彻底聋掉。

父母和老师劝阻伊芙琳·格兰妮，让她不要再浪费时间在音乐上。但是她只听自己的话，她没有停止对音乐的追求。她勇敢地向伦敦著名的皇家音乐学校提出了入学申请。这引起了学校老师和学生们的强烈反对，在他们看来，耳聋的人学音乐简直是天方夜谭。但是，伊芙琳·格兰妮用她的演奏征服了所有的人。毕业后她成为了一名打击乐独奏家，她的音乐传遍了全世界，感染了无数的音乐爱好者。

伊芙琳·格兰妮有信心而坚定，她一定要实现自己的音乐梦想，不被任何人的意见所左右。

事实证明，她成功了。

有一位企业家说："如果做事因为怕别人提出反对意见，就放弃了自己的想法，那么你就失去了自我。任何决定都要看你想达到的目标和效果是什么，而不是听别人的妄加猜测。有时候，别人只是随口一说而已，因为他们不需要为这件事的结果负责。"

凡事最怕没有自己的思想，看别人的言行而做。按照自己的思想去做，事情成功之后，别人的议论自然会平息。独立的人不会人云亦云、随波逐流，也不会在关键时刻屈从于他人，最终才能到达他人所不能及的高度。

20世纪80年代，原永民辞去餐饮总经理一职，借贷买下了一家濒临倒闭的餐馆，由于他经营有道，生意迅速变得红红火火。

一次，原永民与一群朋友吃饭。有人对他说，听说有一个好项目，你想不想做？原永民忙问是什么？原来是造飞机——南京航空航天大学有一种新型的AD200型轻型飞机专有技术要卖。朋友问，你敢不敢买？"要多少钱呢？"朋友答："不多，只要340万元。"

只有初中文化的原永民，心里反复琢磨这件事。特别是看到可行性分析报告写得头头是道，这种轻型飞机在国内外的需求前景十分诱人，他不禁怦然心动，少年时代的梦想又从心底升起。

原永民坐言起行，他不停地找信用社申请贷款，将酒店的房产抵押了1500万元。他飞赴南京购买制造飞机的专利，虽然他连图纸都看不懂，却爽快地签下合同。但事情并不顺利，面对专业人员、专门设备、高级厂房、标准机场、巨额资金等问题，原永民一筹莫展。

某天，航空部有位姓宋的高级工程师，恰巧在科源酒楼吃早点，原永民得知宋某是"大行家"便忙不迭地央求："我们公司刚刚起步，麻烦您无论如何帮忙找几位退休的老专家来指点迷津。”宋先生被原永民的诚意打动，也被他的精神感染，便答应了下来。于是，一批高级工程师、专家相继闻风而至。

经过三百多个日夜的艰难运作，在北京郊区，一架尾翼前置的轻型飞机在天空忽上忽下、忽左忽右展翅翱翔。“成功了，试飞终于成功了！”一向刚强的原永民又喊又跳，眼泪夺眶而出，现场的专家、工人无不动容。

电视上有些问答节目，主持人在选手选择答案后常会这样问：“你确定？真的想好了吗？确定了就不能更改了，你要不要再好好想想？”常有选手被主持人一问就动摇了，换了答案，结果第一次选择的答案才是正确的。这样就增加了节目的趣味性，但是也给人一些启示，当你面对一件事情时，是否能够坚持自己的见解，不受任何人影响？

自信是每一位成功人士必备的潜质，如果总感觉自己不如别人，尽管你实际上是有能力的，但表现也会差强人意。因为思想主宰行动，你心里是怎么想的，行为就会反应出来，没有任何伪装能够把这种感觉长期遮盖起来。也就是说，如果觉得自己没有独立创新的能力，不可能超越其他人，那么你就真的只能跟在别人的身后。

要想获得成功，就要有自己独立的思想，选择与他人不同的道路，坚持自己的选择，相信自己的选择。

4. 选择适合自己的位置

或许有时候我们会困惑，自己已经很努力了，为什么总是做不出成绩。可能你不擅长做这件事，可能你在这件事上没有天分，但这世界上一定有你最擅长的事，一定有一个最适合自己的位置。

著名演员蒋雯丽就为自己选择了一条正确的人生之路。她从小就是个活泼爱动的女孩子，而且尤其喜欢体操，可因为体质不行，她在市体操队练了五年，也没能转为正式体操队员。

后来，她又想成为一名作家，可是由于受文学基础和生活环境所限，她一直找不到什么好的写作题材，自然也就没什么成就。但她经过对自己的客观分析后，毅然走上了演员之路，并发挥出了自己的特长，成为闪耀的明星。

她曾经练体操和成为作家的梦想，不就像那小兔子的游泳经历吗？也许做一件事不成功，并不是你没有付出主观的努力，只不过是因为那不是适合自己的路而已！后来她走上了表演之路，就像是小兔子学会了“打洞”，那是适合她的，也就必然给她带来了辉煌。

我们的生命就像是行星一样，放在什么样的位置，就能在什么样的位置发光。在生命的力量中，唯一可以成就的事，是尽力的发挥个人的特质而已。承认生命中的完美与不完美，也就是选择最适合我们发展的职位、职业以及我们想要的生活方式。

找到一个适合自己的位置，比去寻找如何才能成功更具有意义。什么样的选择，成就什么样的结果。许多事如果脱离现实而无谓地过高追求，只是一种可笑与滑稽。

一位商人在一个度假山庄谈完生意后感觉非常疲惫，回家途中无意地发现一间凉茶店。那时，凉茶店内没有客人，只有店主一人趴在桌子上打瞌睡。商人被凉茶店雅致的环境所吸引，突然进到店里去坐下，并跟店主交谈起来。

商人首先讲了自己在城里灯红酒绿的日子，自己如何在钩心斗角的商场上立足，如何管理几百名员工。凉茶店主听着被商人的话吸引住了。他也说起了自己这些年来的生活，虽然没有大富大贵，但也过的安宁快乐、与世无争。商人也被凉茶店主的生活方式吸引住了，他觉得这样轻松的生活才是一种享受。两个人开始羡慕彼此。

于是，他们一起找到了上帝，告诉上帝他们想要过对方的那种生活。上帝笑着说:"这还不容易，我给你们换过来不就行了？"于是，凉茶店主变成了商人，每天去和不同的合作伙伴谈生意、喝酒。商人则坐在悠闲的凉茶店里。没过几天，两个人便又来到了上帝面前。商人说他实在受不了凉茶店里的冷清，凉茶店主也说，他受不了虚情假意和酒精的气味。上帝哈哈大笑，说："你们原本在各自的位置上生活得好好的，却向往别人的生活，现在知道了吧，其实别人的生活也不过如此。"

倘若你是一个很高大的人，却非要去选择一件小码的衣服，自己难受不说，还会让看见你的人感到好笑？如果你是平凡之人，为何非要故作高雅而体现虚假的品位呢？适合自己的位置，就是最好的，那是在自然协调之中体现出来的一种真实美。

我们偶尔会在某些时候选择去原本不适合自己的道路上行走，就算依然可以到达终点，但路上却会曲折崎岖。现实生活总与我们的期望值一定的差距，这原本就是生活最真实的一面。有了差距才会使我们加快前进的脚步，也因为有差距我们才明白春的生机与冬的寒冷。

只有选择了适合自己的位置，才能会收获一份充实。只有把一切梦想与追求建立在理智、合理、现实的氛围与环境中，梦想的种子才会萌芽、开花结果，梦想成真也就如水到渠成般自然完美。

5. 人生只有一次，选择你喜欢的生活方式

“我喜欢周末捧一杯咖啡，拿一本杂志窝在家里。”

“我喜欢闲时去健身房里浑汗如雨。”

“我喜欢背上背包、拖着皮箱去天南地北、去旅行。”

“我喜欢简单的生活，做做家务、陪陪家人。”

“我喜欢冒险，挑战自己。”

“我喜欢工作，虽然忙碌但很充实。”

……

你对你现在的生活是否满意呢？是否也曾被迫过着并不喜欢的生活呢？

张成和刘霞刚结婚时，刘霞在潍坊，张成在德州；过了若干年，刘霞终于调到了德州，张成却一纸调令到了济南。若干年后，刘霞又费尽周折，调到了济南，但不久，张成又被提拔到了北京。刘霞又托关系找熟人，好不容易调到了北京。可是不到一年，丈夫又被国家电业总公司调到成都。

于是，她所有的朋友，就跟她开玩笑——你们俩呀，天生就是牛郎织女的命。你也别追着跑了，干脆辞职跟着你们家老张算了。刘霞想想也是。

可是，她的这个想法刚一提出来，公婆、父母都强烈反对。“干了这么多年，马上就退休了，再说，你工作这么好，辞职多可惜。要丢掉多少钱呀！再干几年吧，也给孩子多挣一些。”其实，他们家的经济条件已经非常优越，早已是中层阶级，但是他们仍然惦念着多拿点退休金退休，只能继续过着两地分

居的日子。

很多人都在为了自以为是的目标活着，而从没有认真考虑过，这些东西是不是自己真正想要的。工作上极不顺心，却不愿意辞职，只为一个编制；婚姻已经没有意义，却以给孩子一个完整的家为借口，没勇气离婚；聚会时强作笑颜，只为不好意思拒绝他人的邀请；甚至有些人可以为了一个户口，牺牲自己一生的幸福。

人生很短，选择怎么样的生活方式很重要。若短暂的几十年一直在委屈的状态下生活，将是多么大的人生遗憾。

英国某小镇有个年轻人，整日以沿街为小镇的人说唱为生；镇上还有一个华人妇女，远离家人在此打工。他们总是在同一家小餐馆用餐，他们屡屡相遇，时间长了，彼此已十分的熟悉。

有一日，这个女子关切地对那个小伙子说："不要沿街卖唱了，去做一个正当的职业吧。我介绍你到中国去教书，在那儿，你完全可以拿到比你现在高得多的薪水。"

小伙子听后，先是一愣，然后反问道："难道我现在从事的不是正当的职业吗？我喜欢这个职业，它给我，也给其他人带来欢乐，有什么不好？我何必要远渡重洋，抛弃亲人，抛弃家园，去做我并不喜欢的工作？"

很多人把金钱看作生活的目标，但有钱是不是也是为了做自己喜欢的事情？既然如此，为何要等以后，而不是从现在就开始？人生就一次，不要等到了生命的终点再后悔，留下无法弥补的遗憾。想做什么就去做，年轻的你更不怕重新开始。

你想要什么样的生活，就去做什么样的事情。不论你现在放弃的是荣华富贵的安逸生活、高薪自在的白领工作、漂亮可爱的女友、英俊潇洒的男友……只要你放弃了自己认为不开心的，就是在无形中选择了另一个艳阳天！

6. 不后悔，从未有十全十美的选择

"当初不选这份工作好了，总加班，根本没有时间好好休息。"

"当初不选这个专业好了，没什么发展前途，以后工作不好找。"

"当初不和那个人在一起好了，家里太穷，在一起时什么都没给我买过。"

"不结婚好了，结婚后一点自由都没有，跟想象的完全不一样。"

"不要孩子好了，不仅花销大而且还没时间享受二人世界。"

……

总有人在抱怨自己选择错了，觉得自己当时选择另一种情况会更好。其实世上没有十全十美的选择，不要在选择时犹豫不决，也不要在选择后去后悔。

印度有一位哲学家，饱读诗书，富有才情，很多女人迷恋他。某一天，一个少女来敲他的门，说："让我做你的妻子吧！错过我，你将再也找不到比我更爱你的女人了！"哲学家虽然也很喜欢她，却回答说："让我考虑考虑！"

哲学家用一贯研究学问的思维，将结婚和不结婚的好坏所在，分别罗列下来，却发现两种选择好坏均等，真不知该怎么办。于是，他陷入苦恼之中，无论又找出了什么新的理由，也只是徒增选择的困难。

最后，他得出一个结论——人若在面临抉择而无法取舍的时候，应该选择自己尚未经历过的那一个。不结婚的处境我是清楚的，但结婚会是个怎样的情况，我还不知道。于是，哲学家答应了少女的要求。

在人生的选择中，得与失往往是无法比较的，如果你看重的是亲情，那么这是所有的金钱都无法补偿的；如果你看重的是事业，那么这又是亲情所不能给予的。所以，既然选择，不管今天失去了多少，受了多少磨难，都不要后悔，因为不管你怎么选择，都有可能发生意料之外的结果。

就像在别人眼里极不般配的情侣恰恰会过的很幸福，因为他们选择了自己所追求的某一项，也许是地位，也许是才貌，也许是金钱，也许仅仅是爱情。

小蕊为了追随爱人的事业决定南迁，在和父母说的时候遭到了家人的一致反对。尽管小蕊答应父母安顿好了马上接他们过去，但父母却舍不得离开他们生活了一辈子的城市，因此也不愿意小蕊离开。父母同时指责小蕊："你这么做就没为我们当父母的想过！""我们没有你这种不孝的女儿！""走了就别回来了。"

小蕊内心很痛苦，但她还是选择跟随爱人到举目无亲的异地他乡。她顶着来自方方面面的压力，面对前程未卜的将来，只能是赌一次。

选择也就意味着放弃，小蕊选择了爱情，只能放弃一部分亲情；而父母选择了熟悉的生活圈，只能放弃女儿的陪伴。

人生本来就是一场豪赌，因为存在太多的未知因素，即便是平坦的路也未必不会摔跤，看准的生意也未必不会赔，对自己呵护备至的爱人也会突然有一天转身离去 ..... 也许有一天你的选择会换来失望的结果，那么请你记住，从未有十全十美的选择，不要后悔。

7. 人生是你自己的，要为自己的选择埋单

人生就是一个不断选择的过程，无论是小时候选择兴趣班的你，高考选择志愿的你，毕业选择工作还是继续学习的你，或是中午吃面食还是吃米饭、周末休息还是去逛街、看书还是玩游戏的你。选择是生活中的常态，后悔也是常态，后悔没有早睡、没有好好学习、选错了志愿、进错了行业……然而，每个人都要为自己的选择负责，而不是怨天尤人、满腹牢骚。

有三个人要被关进监狱三年，监狱长给他们三个人每人一个要求。

美国人爱抽雪茄，要了三箱雪茄。

法国人最浪漫，要了一个美丽的女子相伴。

而犹太人要了一部与外界沟通的电话。

三年过后，第一个冲出来的是美国人，他嘴里鼻孔里塞满了雪茄，大喊道："给我火，给我火！"原来他忘了要火了。

接着出来的是法国人。只见他手里抱着一个小孩子，身边的美丽女子手里牵着一个小孩子，肚子里还怀着第三个。

最后出来的是犹太人，他紧紧地握住监狱长的手说："这三年来，我每天与外界联系，我的生意不但没有停止，反而增长了 200%，为了表示感谢，我送你一辆劳斯莱斯！"

这个故事告诉我们，什么样的选择决定什么样的生活。今天的生活是由之前

我们自己的选择决定的，而今天我们的抉择将决定我们三年后的生活。

有选择就一定有放弃；你选择一个机会，就意味着要放弃另外一个机会，既然选择了，就要承担后果；每一个选择的背后，必然有一系列后果，比如，你选择要一个孩子，就要准备好迎接孩子降生以后的各种琐事儿，它们可能会让你纠结、焦躁、失眠和抓狂，这是你在决定要一个孩子时就要明白的。所以，你既然做出了决定，就得承担它们所带来的后果。

与其抱怨，不如改变。有时候，我们选择的结果可能并不会如我们所愿，所以，这时候，你要学会去做一些事来改变这个结果，来让它更符合你的预期，坐着不动或者一味抱怨别人，纯属是在浪费生命。

一个从小练习芭蕾舞的女孩决定考取正规院校进行舞蹈训练，并计划将跳舞作为她终生的职业。但她很想知道自己是否有这个天分。于是，当一个芭蕾舞团来到女孩居住的城市时，她跑去求见芭蕾舞团团长。

女孩说："我想成为最出色的芭蕾舞演员，但我不知道自己是否有这个天分。"

"你跳一段舞给我看看。"团长说。五分钟后，团长打断了女孩，摇了摇头说："不，你没有这个条件。"女孩伤心地回到家，把舞鞋扔到箱底后再也没穿过。后来，她结婚生子，当了一名超市的服务员。

多年后她去看芭蕾舞演出，在剧院出口又碰到了当年的团长。她想起当时的对话，于是给团长看了自己家人的照片，并聊起现在的生活。她说："有一点我始终不明白，你怎么那么快就知道我没有当舞蹈家的天分呢？"

"哦，你跳舞的时候我几乎没怎么看，我只是对你说了我对其他所有人都会说的话。""这真不可饶恕！"她叫道，"你这句话毁掉了我的生活，我原本可以成为最出色的芭蕾舞演员的！"

"我不这么认为，"老团长反驳说，"如果你真的渴望成为一名舞蹈家，你是不会在意我对你说的话的。"

既然按照自己的意愿认定了目标，选择了就不要后悔。哪怕再苦再累，也坚持下去，即使有很多东西诱惑你，有别人在背后议论你，要做成一件事，实现自己的理想，就要认定目标不回头，不要迷失了自己的方向，以致于一事无成。

顾虑太多，只会把我们束缚住，只要认准了方向和目标就勇敢向前，不要畏首畏尾。路是自己选择的，无论你选择过平凡的生活，走一条平坦的路；还是选择为了梦想奋斗，走一条曲折的路；无论你的选择正确与否，都要坚持下去。

第七章

人生不是为了等一个结果，过程就是最大的收获

人生，就是不断拥有和失去的过程
不求回报，做点『无用』的事儿
想赢，就不要怕输
应该享受青春，何必那么功利
赔了钱，千万不要再输了心情
事业有成后不忘初心，才是真正的成功

1. 人生，就是不断拥有和失去的过程

人生，其实就是不断拥有和失去的过程。成功时，你已经失去了青春;当有了家庭你失去了自由;选择努力奋进，你失去了睡眠时间……在经历过无数次的拥有与失去之后，我们才明白，生活并不是要去计较得失，而是要学会不计较失去，才能拥有更多。

很多时候，失去是为了更好的得到，因为每次的失去都会让人更加成熟，使人经验更加丰富。在我们的生命历程中，真正有益的事情并不是获取更多外在的东西，而是有目的、有选择地剔除那些多余的、烦冗的事物。去冗除繁，是一种智慧，也是一种人生的成长方式，只有那些真正经历过、体验过人生百味的人，只有那些真正洒脱、成熟的人才能拥有这样的智慧。

老鹰是最长寿的鸟类之一，它能活到70岁，然而这其中要经历无比艰辛的过程！当老鹰40岁的时候，它的爪子开始老化，无法有力地抓住猎物;尖锐的喙变得很长并弯曲，几乎就要刺到胸膛；庞大的翅膀会变得十分沉重，飞行起来十分吃力。这时候，老鹰便要进行果断的抉择。首先，它从高处俯冲，把自己坚硬的喙撞到岩石上，使其断裂；然后，它再把自己的爪子拔掉，用喙把一根根羽毛拔掉。这是十分痛苦的，然而5个月后，新生的老鹰便会再次展翅于九天之上，享受剩余30年的自由飞翔。

得与失是一个辩证关系，得到时必然会失去一些东西。塞翁失马，焉知非

福。祸兮福所依，福兮祸所伏。只有不断地失去，才能得到更美好的。不断地失去，不断地收获。

不必太计较失去，用良好的心态面对得失，用好的心态向着目标靠近。在生活中，快乐才是最重要的，如果因为外在的东西影响了我们内心的快乐，那么就要予以剔除，即使这些外在的东西花费了我们大量的心血，也不要因为这些而影响未来的生活。

菲力斯从小家庭贫困，上学不能住校，全靠一辆破得不能再破的自行车，一天两次往返于相隔 5 公里的家与学校之间。有一天，他到校后忘了给车上锁，车子被小偷偷走了。从此，他只得跑步上学，一天 10 公里，3 年下来，他吃了不少苦头。然而，这段经历先使他成了全校长跑冠军，后来他又在全市长跑比赛中获得亚军。他逐步走上运动生涯，直到今天。

菲力斯荣获全欧洲马拉松长跑冠军后被邀请到一所大学做演讲。他结束演讲后的自由提问时间里，有一个学生站起来，问他："在你的一生中，你最感谢谁？"菲力斯沉思片刻，说："我最感谢一个特殊的人，他就是那个当年偷了我自行车的小偷。"

陶渊明弃官隐居田园，他失去了五斗米的富足，却得到了"采菊东篱下，悠然见南山"的闲适与恬静，领悟到大自然的意蕴与人生的真谛。李白失去了升迁的机会，在无比抑郁和苦闷中却立下了"长风破浪会有时，直挂云帆济沧海"的鸿图远志，为他人生道路上的前行，积聚了更大的力量。杜甫放弃了官位，行走于广大民众之间，体会民间疾苦，听取老百姓的申诉与苦衷，生出了"安得广厦千万间，大庇天下寒士俱欢颜"的深切愿望，冷酷的社会，便多了一份温暖和希望。

生活中，有些东西的失去在所难免，且一旦失去了，永远都无法挽回，我们不能站在那里扼腕叹息，而是要坚定目标重新出发。人生就是如此，当你在某一方面拥有太多的时候，另一方面可能就要付出相应的代价；当你在某一方面放弃的时候，往往意味着在另一方面将获得更多。这不是失去，而是更大的收获。

2. 不求回报，做点“无用”的事儿

生活中有很多人喜欢收集瓶盖、彩纸、杯子、模型、包包等，有人说：“这有什么用啊，又不能赚钱。”而有的人喜欢手工、插花、泥塑等，有人说：“这有什么用啊，又不能升官、发财。”有的人喜欢健身、瑜伽、极限运动等，又有人说：“这有什么用啊，浪费时间，有那时间我多应酬，还能升职加薪拿提成！”

何为有用之事？很多人把有用之事与金钱联系在一起，但只有赚钱才是有用吗？

黎娟结婚生子后便成了全职太太，一心为家庭着想。但是她总觉得生活并不充实，无论是精神上，还是生活中。

有一次机会她在视频网站上看到很多旧物改造和手工制作的视频，于是她便从家里找出材料照着做了一个玩具熊，因为她从小学习过画画，动手能力比较强，小熊做得惟妙惟肖，非常可爱。她把小熊的图片发到朋友圈，获了很多赞。这让黎娟信心大增，她又学了不少的手工。一次她在家中改衣服，婆婆来了，看见一些脏衣服没有洗，便说：“孩子睡了你也不洗衣服，就整些没用的。”

晚上丈夫回来也一脸不高兴地说：“就让你在家带个孩子，你都带不好，天天弄些没有用的事……”当时她觉得很委屈，但也无力辩解。

但是黎娟没有放弃，她在网上发布了帖子，召集小区和附近的家庭妇女，一起加入她的手工创作中来，很多妈妈带着宝宝加入了。这不但给她们的生活带了乐趣，也扩大了黎娟的交际圈，生活不再那么单调了。

白岩松说过:“中国人不做无用之事，一切皆与升官发财有关。”或许你也在想着怎么升官发财、升职加薪、赚更多的钱，但偶尔也会觉得无所事事，疑惑自己赚这么多的钱为什么还会觉得生活不充实？其实原因很简单，因为虽然你拥有了外在的财富，但却忽略了内在的财富和精神世界。

无聊的时候找到自己的爱好，学会接受新鲜事物，才能填充自己内心的世界，生活不仅需要金钱、权力、地位，更需要学会不断地充实自己，享受收藏的乐趣，享受艺术的优雅，享受运动的快感……

陈道明已年过六旬，但很多人都觉得他仍很年轻，是个很有气质的大叔。

他从小弹得一手好钢琴。只要在家，他每天都会弹琴，兴致高时甚至会弹四五个小时。他有一台珍藏版电子琴，无论去哪儿都会带着，在外拍戏间隙就会用它来代替钢琴，有时碰巧剧组有设备，也会弹弹手风琴、吹吹萨克斯。遇到烦心事，钢琴更是他缓解情绪的利器。

进入中年后，他迷上了画画，没有门派，不讲章法。磨好墨汁，铺好宣纸，手握画笔，然后打开地图，回想多年来拍戏到过的地方，然后挥笔泼墨画山水。

偶尔，他也会做点手工。他家里有一个很大的房间专门用来放置糖人、面人，木工、裁缝所用的工具，这几项手工活他都还算拿手。女儿常年在国外，想她的时候就会浇个糖人、捏个面人，或者干脆穿针引线给她裁剪一身衣裳。

当然，他更乐意干的是为妻子缝制各种皮质包包。他妻子几年前退休了，喜欢玩十字绣之类的，有时他们夫妻俩就同坐窗下，她绣她的花草，他裁他的皮包，画面甚是美好。

现实中有很多美好的事情和心情，并非金钱能够带来的。或许这些都是看起来“无用”的事儿，远不如一场饭局来得更有价值。但人活着，需要给自己的心灵安一个家，时刻保持自我、本我、真我。只有洁净如初的心灵和丰富多彩的精神世界才能成就百毒不侵的自己，也只有更充实的内心，才会更让我们更健康地生活。

3. 想赢，就不要怕输

在竞赛中，你如果畏惧怕输，就会影响你的发挥;打扑克怕输钱，也会影响你出牌的策略；一次会议的主持怕发挥不好，会让你逻辑发生混乱；或许你还在害怕比赛拿不到好名次;或许害怕把事情弄得很糟……但不要把过多心思放在输赢上面，而忘记了做事的初心。

在一次网球比赛，中国女子网球队选手张帅将与美国天才少女麦迪逊·凯斯争夺一个八强的席位。之前两个人总共有过四次交手，双方各赢两场。赛前张帅没什么压力，她表明自己不怕输。

此番再度相遇，二人竟然穿的是同款同色比赛服。虽然张帅以大比分的劣势丢掉首盘，但是她很快在第二盘发起反击。被破发后，凯斯申请了医疗暂停，并离场进行大腿包扎治疗。重新开始比赛后，张帅渐渐发力，扳回一盘。

在决胜盘的第6局，凯斯再度叫了医疗暂停，按摩受伤的大腿。回到赛场后，她每打完一球都弯下腰缓解伤势，比赛中更是一直在流泪。面对受伤的凯斯，善良的张帅打得有些手软，好在关键时刻张帅稳住了情绪，以6：3锁定胜局。在和凯斯握手的那一刻，张帅还不忘拍拍美国小姑娘的后背，安慰她。最终她顺利挺进四强。

赢得一场比赛，心态很重要，只有放松心情，时刻告诉自己“我可以的”“我能行”，而不是一直想“如果我输了怎么办”。学会调节自己的心情，在紧张的时候化压力为动力，全力以赴地对待，结果并不那么重要。

不要因为一两次的失败便失去了迎接挑战的勇气，更不要因为一两次的失败而一蹶不振、畏畏缩缩而止步不前。不怕输，可能不会赢；但怕输，一定会输。学会在失败中找寻经验，迎接下一次的挑战。

马修·埃蒙斯是美国著名射击运动员，从小他就表现出很高的射击天赋。他在许多世界重大射击比赛中，获得过骄人的成绩，被美国人称为“射击天才”“上帝的宠儿”。

在2004年的雅典奥运会上，他一路高歌猛进，遥遥领先于其他选手。最后一枪只要不脱靶，埃蒙斯就可以稳获奥运会10米三姿射击金牌了。可是，最后一枪，他不仅脱靶而且还把子弹打在了别人的靶子上！

现场气氛一度有种令人窒息的沉闷，人们目瞪口呆地望着眼前这不可思议的一幕。

短暂的惊讶后，埃蒙斯耸耸肩，然后面带笑容地走到中国运动员贾占波跟前，与他热烈拥抱，祝贺他获得冠军。

埃蒙斯那灿烂的笑容，征服了现场观众，也征服了电视机前亿万观众的心。

四年后，埃蒙斯又出现在北京2008年奥运会的赛场上。决赛中，埃蒙斯一路遥遥领先其他选手，最后一枪，只要不低于4.4环，他就可稳获冠军。

就在观众静待埃蒙斯最后一枪打完可以向他欢呼雀跃时，不可思议的一幕再次重演：埃蒙斯又脱靶了！

埃蒙斯脸上露出短暂的惊讶神色后，很快地又平复如初，露出灿烂的微笑。他走到获得冠军选手的中国运动员邱健身边，与他热情握手、拥抱，表示他最真挚的祝贺。

生活中总有输赢相伴，必有几家欢喜几家愁！输赢真的那么重要吗？很多时候，我们总想拿最好的名次，总想做得比别人更好，因此有些人便为了这个“赢”字而丢掉初心！

其实输和赢只是督促我们前行的动力，而不是目标。一条赛道上，人们都在向终点冲，必定有人第一，有人第二，但是，比赛是生命蓬发的象征，敢于挑战的人就是个胜利者，虽然有的人明知道自己会输，但也坚持到了终点。享受比赛的过程，何尝不是一种乐趣。

真正的成功者，是从容面对输赢，勇于取舍，挑战自我，而不会因为失败沮丧。坚守初衷，才能更好地前行。

4. 应该享受青春，何必那么功利

生活中，你一定见过这样的年轻人——刚走上工作岗位，就为了职位升迁请客、送礼、拉关系，跑上跑下，志在必得，后来他心目中的那个“位子”花落别家，从此后便消极怠工、怨天尤人。

你也一定见过这样的年轻人——鞍前马后、百般周到地伺候领导，下车主动为领导开车门，下雨主动为领导撑伞，酒桌上悄悄把领导的酒倒进自己杯子。一旦领导失势或是身陷囹圄，他首先做的是“撇清关系”。

你一定也见过这样的年轻人吧——深谙职场潜规则，只要是他需要的人，他都笑脸相迎，温暖如春，你爱麻将他陪着玩，你爱钓鱼他陪着钓，你爱打球他学着打，只为了做你的“自己人”。可如果你是他用不上的人，他冷若冰霜，惜字如金。

很多年轻人在进入“成人世界”之后，为了柴米油盐，在各种潜规则面前低头。他们的生活是物质的、现实的、世故的、功利的，他们放弃了青春，放弃了一段原本很阳光的岁月。

2013 年，央视名嘴白岩松在重庆大学发表了题为《青春、信仰与幸福》的演讲。他在演讲中提出，当下多种现实压力的交织使青年一代陷入焦虑，但在他看来，青年人应该多一些坦然的心态去享受青春，而非心怀功利，让青春过早地陷入痛苦之中。

白岩松说，每一代人的青春都不容易，互联网和便捷的通信工具将当今青年一代的“不容易”无形中放大，引来社会各界关注。高房价、蚁族、北漂、就业难……这些现实压力和心理冲突使青年人普遍陷入痛苦和焦虑中，青年问题也成为社会关注的焦点。

“其实，青春不该这么焦虑和功利。”白岩松说，热爱此时此刻的时光，做好眼前该做的事，这才是我们应该做的，明天的事情还是交给明天吧。他建议大学生把心态放得平和坦然，享受好自己的大学时光。

的确，现在很多年轻人在渐渐失去年轻人的气质。他们过早地步入了功利的成人世界，过早地被生活驯服，苟且地活着，过早地在现实面前弃械投降。他们将理想、个性、激情这些属于年轻人的珍贵无比的特质全部抛弃，只求一个稳妥的“着落”，一个世俗的“成功”。

青春是人一生中的最好时期。我们可以利用这个时期去学习、追求我们喜欢的一切。青春让我们感受这世界的奇妙，让我们对事物充满好奇。青春是我们一生最美好、最应该充满活力的时期。

有个德国人来到中国，他在广西的大山里生活了十几年，他过着拉牛耕田、挥锄种菜的简单生活，他把免费教育当地孩子、跟孩子们在一起玩闹作为自己的人生乐趣。

央视记者柴静采访这位名叫卢安克的德国支教者时，心中疑惑不解：一个外国人为什么放着好好的日子不过，跑到这穷乡僻壤的地方来?

柴静问他：“当时你是为了什么来？”

卢安克说：“我记不起来了。”

“那个时候你怎么想的？”

“我不知道该怎么说。”

真是很让人惊讶的回答——这个外国人，他竟然不知道自己为什么要来这里；更令人惊讶的是，他来这儿没有抱着什么目的。

他说，因为他没有期待、没有什么必须达到的目标，所以才可能做他所做的事情。

他说，他不讨厌物质，只是更爱自由罢了。

现如今，在日渐浮躁和焦虑的社会氛围里，年轻人已很难像卢安克一样，在功利化的浪潮中保持独立和平和。因为“成功”早已成为他们头等的人生目标，而且成功的标准也越来越单一：“有权有钱就是成功，否则就会低人一等。”

年轻人的这种功利还体现在择偶上。相亲已经成为现如今年轻人择偶的重要途径，双方初次见面就问对方是否有房有车，月薪多少，似乎这已经成为“标准流程”。有媒体报道，一个女孩因为相亲时没有问男方的车、房和薪水，导致男方对她的“诚意”深表怀疑。这于我们所生活的社会而言，无疑是一种讽刺！

若有人说“问世间情为何物，直教人生死相许”会被笑话：“这都是什么年代的事情了。”谁喜欢吟风弄月写诗弄文，一定会被评价说：“这是个不靠谱的男文青，切不可托付终身。”现在的年轻人越来越唯利是图，至于情趣、情怀、情感，这些属于人类的更高级的体验，因为“不实用”，渐渐湮没在物质世界里了。

“青年者，人生之王，人生之春，人生之华也。”这是李大钊笔下的年轻人——人生之王，一往无前，气势磅礴，充满着锐气和勇气；人生之春，生气蓬勃，风华正茂，充满着朝气与活力；人生之华，光彩夺目，熠熠生辉，充满着浪漫和激情。

盛年不重来，一日难再晨。青春就是要尽情绽放出我们的特长和潜力，青春就是磨练和考验我们的时候，青春就是要感受世界的美丽，青春就是要多享受生活。我们应该多一分对生活的追求，而少一分世俗的功利。

5. 赔了钱，千万不要再输了心情

如果你做生意赔了钱，如果你的投资失败了，如果你买的股票大跌……相信不少人会痛哭流涕，但也会有人明智地选择放下，既然不能改变既定的事实，那就用一个平和的心态去面对吧。在突出其来的打击下，要积极调整自己的心态，就算钱包再瘪也不能影响到情绪，以免人在消极的情况下做出错误的判断。

换个角度想想，既然都失去了，还有什么好计较的呢？只要有健康的身体和心态，一切都可以重新开始！

面对金融危机的困境，记者采访了以下几个行业的从业者，让他们谈谈金融危机对他们的影响。

李先生说，现在中国的一些高风险行业已经受到了影响，他本人所在的行业也未能幸免。这一切都还只是开始，不知道后面会是什么样。但如果后面的结果会比现在更糟的话，那为什么不好好生活于当下？如果后面的结果会比现在好的话，那还有什么好悲伤的呢？要知道一切都会好起来的。尽管工资、福利各方面都不能和以前相比，但输什么都不能输了好心情。

王先生说，虽然经济危机带来很多的风险，但同时也催生了不少机会。如果因为一时的损失而将自己埋没在痛苦中的话，哪还有时间和精力去发现翻身的机会呢？就算有再好的机会摆在你面前，也会与它失之交臂。

张小姐说，她所在的外贸公司也不景气，但她并没有因此降低自己的生活质量。她和两个朋友利用空闲的时间，在夜市上弄了一个小吃摊，这样可以赚点零花钱，缓解一下困难，还能让自己的心情愉悦，好心情加“外快”，一举两得。

面对失败，如果我们能尽快地调整情绪，就可以防止焦虑情绪的蔓延。比如做一些放松训练，像瑜伽、慢跑、听音乐、到公园散步、到户外爬山等，都会让自己心情舒畅。

王有才如今是个远近闻名的农民企业家了，他肚子里没有几滴墨水，但他的优点是心态好，遇到什么事总是很想得开。

小时候有一次，他省吃俭用几个月存下来几块钱，玩耍时弄丢了，心里很难过。于是他便立刻跑回家，绕着院子一圈又一圈地跑，直到跑得精疲力竭了，才回家睡觉，第二天一大早起来，坏情绪果然消失了。

转眼间王有才成年了，因为他性格忠厚老实，人缘非常好，也因此他做什么事都很顺利。短短几年，就变成了村里的“首富”。

有一次，一个邻居来向他借钱，大方的王有才毫不犹豫地就借给了他。但没多久那人做生意失败，无法还钱了。王有才觉得自己好心帮忙，到头来却吃亏，有苦说不出，于是他又跑回自家的院子，一圈又一圈地跑，终于跑不动了，他又像没事人似的下地干活去了。

又过了几年，在一次投资农产品的生意中，他的60万元全部赔进去了，王有才还是选择了绕着院子跑，家人纷纷上前劝阻，并再三询问，王有才终于说出自己多年来一直这么做的原因。

小时候自己丢钱了，他边跑边告诉自己那些钱本来就是要吃饭的钱，省下来却丢了，就当自己是吃了一顿好吃的；后来朋友借钱不还，他就当是送给朋友结婚的礼金；现在他投资失败，就告诉自己，虽然赔了钱但也积累了很多宝贵的经验，下次一定会成功。他边跑边这样想，自己就不生气了。

没有谁的人生是一帆风顺的，总会经历这样或那样的痛苦或损失，所以适当的自我安慰，是度过困境最好的办法。

输什么也不能输了心情，生活本身就是一种承受，承受快乐、承受悲伤、承受痛苦、承受幸福、承受平淡、承受孤独、承受失败……一个人只有心情舒畅，才能让你有一个良好的状态去拼搏奋斗。

心理学家认为，我们周围的环境从本质上说是中性的，是我们自己给它加上了或积极、或消极的认定，问题的关键在于我们的心态如何。如果你以乐观的心情、饱满的精神状态对待那些灰暗的日子，那些日子也必将开出美丽的花。

6. 事业有成后不忘初心，才是真正的成功

古语有云："不忘初心，方得始终。"什么是初心？初心，就是初学者的心，是人在起点处所许下的梦想。初心不受各种习惯的羁绊。就像我们谈恋爱，开始是追求期，感觉对方的一切都是美好的，可以为对方付出一切，努力向对方展示自己的优点，珍惜在一起的每时每刻，牵一次手都会感觉心潮澎湃、激情飞扬。

随着年龄的增长，我们事业有成了，有了诸多的欲望和牵绊，有了诸多的利益纠纷，有了诸多的恩怨算计……有很多人慢慢忘记了自己的初心，开始变得世故老练，弄虚作假。其实，只有不忘初心，事业有成后才能不迷失自已，才能坚定自己的追求，保持初衷。

曾经风靡一时的《还珠格格》里，那个莽撞、不管不顾的小燕子赵薇，并没有把自己定格在一脸懵懂无辜的大眼睛的形象里，这些年来她稳扎稳打，在一部部影视作品中留下自己的身影，未曾被观众遗忘。

嫁给富商老公黄有龙后，她明明可以衣食无忧，过轻松自在的生活，但她却扛起了摄影机，当起了电影导演，她拍的《致青春》票房口碑双丰收。

她没有忘记想要开一家自己的餐厅的梦想，虽然爱人愿意帮她实现这个愿望，但她坚持要自己投资，用心经营。

她一直热爱红酒，在亲自探访 40 多家酒庄后，最终签购法国一家著名酒庄，和专家一起定制土壤改良与酿造工艺的计划。

她还认真钻研中国影视市场的现状，成为阿里影业的第二大投资人。

虽然她的事业和爱情都已硕果累累，但是她对待感情和工作的态度，一如既往。她相信自己的选择，认真付出，坚定如初。她说，对于所做的事情怀有热忱是成功的基本保障。

人生只有一次，生命无法重来，要记得自己的初心。当我们金榜题名、事业有成之后也要回头望一下走过来的路，回忆一下当初为什么启程，让自己保有一双澄澈的眼睛。

在一次采访时，记者问大连万达集团董事长王健林年轻时的初心是什么。王健林坦诚地说，最早他在军队时是想做将军，下海之后的初心，实事求地讲，就是获得更多财富，让家人生活得更好。

大连万达集团从1988年创立以来，发展迅速，现净资产已达1900亿元。但是，成功之后，王健林并不满足于只在国内赚钱。

谈到万达集团的国际发展战略，他说："就像我当初走出大连一样。那时在大连，万达无所不在，一个公司当时占整个城市份额的22%。如果是没有野心的企业家，会觉得这已经很好了。现在我看到了中国和美国、欧洲的差距，中国公司和国际先进公司的差距，所以我并不满足于只在国内赚钱。"

浙江传媒学院校长项仲平说，每个成功的人都有自己的初心，不忘初心，才能到达梦想的彼岸。初心，是人生的希冀与梦想，是人生开端的追求与动力，是迷途困挫中的恪守与坚持，是事业成功后的承诺和信念。

初心，就是开放的心，不忘初心，能让我们在事业有成后依然保持一种积极进取的状态。因为没有了封闭，就会随时准备敞开心扉去接受，去改变，就如一个空杯子，随时可以接受新事物。因为初心，因为年少轻狂，才会不耻于谈梦想，无惧无畏，一路向前去实现梦想。将来年老体衰时，也不要忘却了初心，要依然保持“纵千万人吾往矣”的豪情。

我们要时刻保持初心，时时不忘最初的想法，不让初心因岁月洗涤冲刷而斑驳失色，鼓足勇气，随时去接受、去怀疑。无论前路如何艰险，依旧朝着梦想前进。

第八章

面临被剩下的危险，也不辜负爱的初心

不要因父母催婚而随便找个人结婚

放下虚荣，你才能找到最爱的那个人

宁缺毋滥，不要因为寂寞而爱错人

婚姻不只需要房子，还需要爱

去爱吧，就像从来没有受过伤害一样

仅为报恩而以身相许，一定不会幸福

选择结婚对象，聊得来是重要标准

一个人，也要把生活过得热气腾腾

1. 不要因父母催婚而随便找个人结婚

29岁的张成说："父母经常打电话催我找女朋友，还总说'过年回家不领个女朋友回来，你也别回来了'，这让我很无奈。"

刚工作两年的李萌说："一次，去姑姑家看见表哥家两岁的侄女，便陪她玩了一会儿。姑姑说'孩子可爱吧，赶紧找对象结婚，自己生一个'……"

32岁的程栋说："现在不喜欢放假，一放假回家父母就给安排了各种相亲，不胜其烦，真想随便找个人结了算了。"

很多人都面临着家人的逼婚，节假日回到家，七大姑、八大姨、左邻右舍都会问："处对象了吗？年龄不小了，要赶紧结婚生孩子……"平常父母的电话也都是催婚的。很多人拗不过，只好随便找个人结婚，但这样的婚姻会幸福吗？这样的婚姻是你想要的吗？

穆玲大学毕业后回到父母身边工作，两年来她一直被父母催着找对象，不得不接受父母安排的相亲。经人介绍认识了大她3岁的葛力，两人对彼此第一印象都还行，就尝试谈起了恋爱。

半年后，双方父母都很着急，一直催着结婚。顶不住父母的压力，两人便去登记了。不过，穆玲心里并不是很情愿，领证当天就后悔了，她还是希望自己选择真正相爱的人，可另一方面她又不想让父母伤心，便硬着头皮举行了婚礼。

由于没有感情基础，双方不懂得互相包容，婚后两人的生活并不幸福，经常因为一些小事吵闹，彼此都身心疲惫。双方父母也开始反思这样逼婚是否正确。

半年之后，两人办理了离婚手续，虽然结束了一段错误的婚姻，但这场失败的婚姻留下的阴影短期内却挥之不去。

每个人都向往幸福美满的婚姻生活，希望有爱人长相厮守，但到了一定的年纪，都躲不过身边人的催促，如果轻意妥协，在并不情愿的情况下结婚，又何谈幸福呢?

爱情不能将就，婚姻更不能将就。从结婚到终老，你有足足几十年的人生，一辈子的厮守，岂是可以将就的?

曹天一是家里的独子。父母从 25 岁起就着急他的婚事，开始还只是四处托人介绍对象，到了他 27 岁就开始逼婚了。

为了不让父母失望，他试着跟父母介绍的那个女孩见过两次面，但双方完全没有共同语言，无论是兴趣爱好，还是人生观都不同，甚至就连普通的朋友也做不了。

他将自己的想法告诉父母，没想到母亲却大发雷霆，说女孩工作稳定，又漂亮懂事，共同语言有那么重要吗？过日子还不就是柴米油盐，其他都是虚的。

曹天一考虑了很久，最终还是拒绝了。婚姻是一辈子的事，不能只凭父母的感觉就做决定。老一代人的意见可以作为参考，但不能完全听取。半年后，曹天一终于遇到了让她心仪的姑娘，两个人也顺利走进了婚姻的殿堂。

婚姻是自己的事情，赢得父母祝福的婚姻当然会更幸福，但是和什么人结婚一定要自己决定。毕竟婚姻是建立在感情基础上的，是相爱的两个人自然而然的选择，而不是到了该结婚的年纪就随便找个人结了。婚姻是一种责任，不管于自己还是于对方；婚姻也是彼此一生的承诺，决定了就好好珍惜。

被逼来的婚姻，多少都会掺杂着一些不情愿，在日后的生活中是一大隐患，阻止这种隐患发生的办法，只能是结婚前慎重选择，坚持自己的婚姻观，才会有美满的婚姻生活。

2. 放下虚荣，你才能找到最爱的那个人

现实中有这样一些人，明明自己的收入很低，却一身名牌，花着父母辛苦挣来的血汗钱一点都不手软。她们会一遍又一遍地跟朋友强调："我的苹果手机是从香港买回来的，大陆现在根本没货。"她们也会一脸得意地说："我的 LV 包包是限量版的，全球最新款。"她们还会指着朋友桌子上的护肤品很不屑地说："国产的化妆品我才不用，我只用迪奥、香奈儿。"

她们还喜欢跟别人的车子、房子合影，把和世界各国著名景点 PS 的照片发到朋友圈。她们无时无刻不在想着炫耀，以显示自己的优越感。但可悲的是，无论怎么高调地展示，却只能在单身的队伍中孤单前行，或者不断地换着交往的对象。因为她们自以为自己伪装得很好，而在别人眼中，却像跳梁的小丑，令人啼笑皆非。

王源和刘松是一对青梅竹马的恋人，本来有着非常好的感情。但随着王源身边两个条件不如她的闺密"嫁入豪门"、一身名牌出现在她面前之后，王源心里有些不平衡了。有天两人一起逛街，经过一家首饰店门口时，王源对玻璃柜中的一条心形的钻石项链一见钟情。刘松看见了王源眼中依依不舍的目光，但他摸摸自己的钱包，脸红了，拉着女孩走开了。

几个月后，在王源的生日宴会上，刘松把给她的生日礼物拿出来，正是那条心形的钻石项链。她高兴地当众吻了一下刘松的脸。

"你哪里来的钱？不会是仿品吧？"王源揶揄道。

还没等刘松开口，她已经把项链随便地塞进了牛仔裤的口袋里。

刘松无奈一笑，内心非常失落。要知道，为了买这条项链，他整整半年都在做兼职。

不久之后，一个叫孟雨锦的男人闯进了王源的生活。初次约会，孟雨锦就把一条闪闪发光的铂金项链戴在了王源脖子上，同时也俘虏了王源那颗爱慕虚荣的心，两人很快租房同居了。孟雨锦经常送她各种各样的首饰和名牌包，王源的朋友圈也渐渐热闹起来，有不少朋友羡慕。王源很享受这种感觉，也暗暗庆幸自己在刘松和孟雨锦之间做的选择。但是好景不长，王源发现自己怀孕了，同时发现孟雨锦失踪了。

当房东一次又一次来催她缴房租时，她只得走进了当铺，把自己所有的首饰都摆在了柜台上。老板眯着眼睛看了一眼说:“你拿这么多镀金首饰和假包来干什么？”她一下子愣住了。但接着老板的眼睛一亮，扒开一堆首饰，拿出最下面的那条心形钻石项链说：“嗯，这倒是一条真的钻石项链，值一点钱。”她一看，这不正是刘松送她的那条吗？当铺老板问她打算当多少钱的时候，王源心中五味杂陈，眼睛湿了。但当她拨打刘松的电话时，那个她曾经拨了无数次的号码，已经是空号。

苏岑说:“女人，放下虚荣，你才能找到最爱的那个人。”如果因为虚荣而放弃爱情，终会遗憾。若你只看重外在物质和环境，而忽略了爱情的本身，那么所找到的爱情也只是在满足虚荣心而已。

每个人都向往美好的事物，喜欢漂亮的衣服、敞亮的房子、精美的首饰，所以希望找一个条件好的男人也在情理之中。但如果仅仅是为了物质而去恋爱，那就等于把自己也看作了等价交换的商品。真爱无价，物质可以靠两个人的双手一起打拼，但感情是很难“打拼”得回来的。

闵雪一心一意想嫁到外国，她感觉嫁出国是一件非常有面子的事情，所以经常出入外国人多的酒店、商场，希望可以与老外有一场邂逅。处心积虑一段时间之后，她终于在酒吧认识了一个美国人杰克。两人很快成了情侣，并且闵雪不顾父母的反对跟随杰克到了美国。

然而国外的生活，并没有闵雪想象得那么美好，两个人生活上是AA制的，杰克一分钱也不会多掏。看着口袋里的备用金一天天减少，闵雪不得不出去找工作，在美国，除了服务员和洗碗工外，她无法谋取更好的职业。

一天晚上，闵雪上夜班，她有些不适，请假提前回家。打开门，她懵了：杰克怀里正搂着一个美国女孩。“无耻！”她吼道。那女子连忙逃之夭夭。“她是谁？”闵雪愤怒地问。“这是我的隐私，请你尊重。”杰克冷冷地回答。闵雪抓狂，却无可奈何。

那晚，闵雪睡在沙发上，她开始后悔来到美国。次日醒来，杰克便不见人影，她看见一张字条：“我们无法相处，不如分开”。闵雪如遭一盆冰水当头浇下，全身发冷。短暂的异国婚姻就这样结束了。

仅仅是因为虚荣，而完全不考虑其他因素的婚姻，注定是一场悲剧。婚姻，是两个相爱的人，彼此扶持、同甘共苦的生活，如果只看到了对方会给自己带来多少利益，而不愿意与对方一起吃苦打拼，这样的婚姻无法长久。找一个自己心仪的人固然是好事，但吸引你的若只是他的金钱、环境、身份，而不去了解两个人的价值观是否相同、性格是否合适、有没有共同语言等，这段感情便经受不住考验。

嫁个有钱人当然好，但要以双方相爱为前提，因为感情稳定是婚姻的基础。过于注重外在，为满足物质欲而不顾感情需求的婚姻，会让自己越来越空虚，不可能会得到真正的幸福的。

3. 宁缺毋滥，不要因为寂寞而爱错人

我们身边总有这样的一些人，不断换着男女朋友，每一次都很快地开始，又以“性格不合”“背景不同”“父母不同意”“女生太作”“男生太抠”等种种原因分开。一段时间后，又开始了新的恋情，周而复始地循环。他们抱怨：“现在的女孩子太势利。”而她们也如看透了世间一切似说：“世界上没有一个好男人。”

但也有一些条件非常优秀却一直单身的人，他们让很多人惊讶，条件这么好，为什么没有对象？其实他们不是找不到，而是不想将就。

姚娟，30 岁，是一家大型企业的项目经理，她气质和形象都非常不错，情商智商双高，是所有人眼中的白富美，唯一遗憾的是她至今单身。当别人问她为什么不结婚的时候，姚娟笑答：“为结婚而结婚，还不如不结婚，唯一让我走进婚姻殿堂的理由，只有感觉和爱情。”

她理想中的另一半一定是个有上进心、有责任心、有思想、有担当的男人，即使终身不嫁，也不会随便找一个结婚的。

很多朋友劝她降低择偶标准，要不把自己拖成“剩女”就只有被别人挑的份了。姚娟不以为然，坚持宁缺毋滥的原则。

终于在一个项目会议上，姚娟被一个和自己年纪相仿的男人吸引了，他谈吐儒雅，笑容迷人，业务熟练，对工作认真负责。而对方也被姚娟的成熟优雅吸引，两人一见钟情。

双方在后来的交往中才知道，原来两个人有相同的感情价值观，那就是宁

愿一辈子单身，也不能将就。他们不希望未来的几十年要委屈求全，也不希望会轻易离婚，毕竟婚姻不是儿戏，结束一段婚姻无论是对自己还是对对方，都是很大的伤害。

很多人没有找对象，其实不是不想找，也不是没有忘记当前那个他，只是不想凑合罢了。感情不应该是盲目的开始，也不应盲目的结束，不断地在一段段感情中进进出出，最后只会让自己迷失。如果只是因为寂寞而恋爱，当有一天真命天子出现时，又该如何以对？

宋乔在经历过一场三年之久的初恋后，男方很快开始了一段新感情。宋乔很难过，也很不甘心。她便开始通过社交软件、朋友介绍，不断地换男朋友。期间她找过四五个男朋友，都时间不长便不欢而散。

有一次周末在家，她通过交友软件认识了同城的好友于浩，两个人聊得很投机，一个天蝎座一个双鱼座，简直天生的一对。宋乔心中暗暗自喜，心想："这次要矜持点，不能主动说见面。"经过于浩的几次请求，两人终于见面了。

虽然于浩不是她的理想型男友，但对宋乔足够好，两人便很快确认了男女朋友关系。宋乔退掉了自己租的房子，与于浩住在了一起，两个人生活得很幸福。不久后宋乔因工作原因，不得不去别的城市工作，宋乔去了新公司没多久，于浩便以父母不同意为由和宋乔提出了分手。宋乔很难过，但她心想也不是一次两次了，便没计较太多。

分手后，宋乔的生理期一再推迟，她开始害怕，买了验孕纸一测，怀孕了。宋乔崩溃了，她开始给于浩打电话，但打不通，各种联系方式也都被拉黑。她回到两个人曾一起租住的房子，里面已换了租户。她心灰意冷，最后只好将孩子打掉了。

轻易地开始一段感情，只是想排遣寂寞而已。经得住寂寞，才能等得到幸福。很多人在爱情这条道路上迷了路，在遇到适合的人之前，可能会爱上很多的人，也会被很多的人爱，但是却始终不能走到最后。

真正爱你的人，一定会出现，不要因为一时情急去找恋情，往往最后受伤的都是自己，要学会宁缺毋滥。

4. 婚姻不只需要房子，还需要爱

“什么时候买房，我就什么时候答应和你结婚。”

“有房吗？没有房谈什么结婚！”

“什么时候买房啊？我父母催着呢！”

“我总不能跟你住在出租屋里一辈子吧！”

“虽然不是很满意，但他有房子……”

……

现实中，很多女人都把婚姻和房子联系在一起，没有房子就不结婚，谁给我买房子我就和谁结婚，反而忘记了婚姻中最重要的是什么。

艾丽是个标准的美人，极白极细的肤色，配上一头极黑的长直发，像从二次元世界穿越过来的。当她宣称要和同事付林结婚的时候，所有同事都大跌眼镜，付林无论颜值还是谈吐都极普通，和艾丽站在一起，非常不般配。

有人问她为什么突然结婚，她说因为付林有房子。

付林家庭条件不错，父母在他刚刚大学毕业时，就给他买了一套130平米房子，地理位置非常优越，价值上千万，这几乎是艾丽两百年的收入。

可是结婚不久，两个人就矛盾重重，几乎没有共同语言，很快便分房而眠，几个月后，艾丽看都不想看到付林，吃饭时在饭桌中间放一束鲜花，让自己视觉舒服一些。

艾丽越来越痛苦，开始反思自己的决定是否正确。

很多人觉得房子会带来安全感，只有有了自己的房子，有了固定的住所，才能谈婚姻。更有很多人因为房子便随便嫁给一个人。婚姻并不是架设在房子上的，你要嫁的是人而不是房子，选择什么样的人结婚才是最重要的。

他有房子，他会对你好吗？会对你一辈子负责吗？房子不过是外在的物质，这些东西会通过努力得到，而如果你不爱这个男人，再努力，也无法让自己有幸福感。

曼琪和韩旭是大学同学，两个人大二时便在一起了，感情特别好，大四毕业后一起携手来到北京打拼，起初两个人只能租很便宜的房子住，连单独的卫生间都没有，上班要坐两个小时的车。即使这么辛苦，两人总是把小日子过得有滋有味。

渐渐地，两个人的工作有了起色，都升了职，各自在公司附近租了一个单间。

身边的同事朋友总在说："曼琪，你也到了结婚的年纪了，你俩处得够久了，工作也稳定了，是时候选购新房结婚了。"

曼琪也觉得，有了房子才能有稳定的生活，便和韩旭谈买房子的问题，韩旭非常为难，虽然两个人的收入有所提高，但在北京高昂的房价面前实在不值一提，而且他家里条件并不优越，拿不出那么多钱。

在曼琪的一再逼迫之下，韩旭决定分手，他对曼琪说："对不起，我无法给你优越的生活，我们还是分手吧！"

看着韩旭一脸坚决，曼琪后悔莫及，因为房子，她失去了青梅竹马的爱人。

婚姻是件严肃的事情，房子不过是人居住的地方，为什么要把两件事情连到一起呢？和你结婚的是人，而不是房子。选择什么样的人才是最重要的。

爱情如此，婚姻更是如此，没有感情的婚姻，即便拥有再多的房子也不会有幸福感。

不要忘记选择他的“初心”，是爱情，而不是房子。

5. 去爱吧，就像从来没有受过伤害一样

失恋是很多人经历过的事情。失恋让人痛不欲生,甚至一段感情的失败会改变一个人的爱情观。有很多人，因为受伤太深，开始害怕恋爱，不愿意接受新恋情，大好的青春在对爱情的悲观和怀疑中度过。也有些坚强乐观的人，失恋之后依旧相信爱情的美好，勇敢地接受下一段感情。

杨欣与齐昊是大学同学，齐昊在开学第一天便被长相萝莉的杨欣所吸引。二人经过三个月的接触，终于确定了恋爱关系。

在同学朋友眼中，二人是情侣中的楷模，是大家羡慕的对象。

两人相处了一年，齐昊便带杨欣回家见了家长，齐昊的家人都很喜欢杨欣。大家都觉得二人的感情会一直走下去，但一次寒假前夕，二人莫名奇妙地分手了。

有朋友问 :“欣欣，你们为什么分手啊？平时大家看你俩挺好的。”

杨欣流着眼泪说 :“他爱上了别人。”

朋友们一片哗然，都不相信这是真的。直到刘昊带着新女友出现在大家面前，一脸宠爱地看着那个姑娘，大家才不得不接受这个事实。

失恋后的杨欣也低迷过一段时间，经常晚上一个人偷偷地哭。渐渐地，她努力调整自己，去健身、旅游充实自己。

一年后，杨欣开始了一段新的恋情，男孩是杨欣旅游时认识的，对杨欣呵护备至。当再次遇到齐昊的时候，杨欣只是微微一笑，这段感情像风一样，在

她心中已经没有任何痕迹。

一两次恋爱的失败算不上什么，只能说明两个人不合适，中国自古就有“好事多磨”这种说法，太容易得到的幸福，会不懂得珍惜。也许我们都曾遇到过，爱上一个人，进入一段恋情，却因为性格不合、父母不同意、对方劈腿、异地恋等原因而分开。或许你会开始恐慌，怕下一段感情也会出现类似的问题。

这种心态会让人变得疑神疑鬼、小心翼翼，没办法对人坦诚相待，更别说享受爱情的甜蜜。真正幸福的人，是那些即使被伤得千疮百孔，依然勇敢、大胆去爱的人。

尚雅看过一个男朋友，虽然分处异地，但两个人感情特别好，每天打电话打很久，经常视频聊天。一次，尚雅去见男朋友，她总觉得有些不对劲儿，趁着男朋友睡熟，她拿起了男朋友的手机，翻看了他的通信记录、微信、QQ 记录。果然查到男朋友与其他女人有暧昧的聊天记录，并且从记录中看出，男朋友已经领那个女孩见了家长。

尚雅半夜把男朋友从床上拉了起来，两人大吵了一架，尚雅便连夜离开了，而男朋友也没有追来。

过后的日子，尚雅接受了新的恋情，但每次恋爱，她都没有安全感，总觉得对方会欺骗她，总忍不住翻对方的手机，怀疑对方脚踩两只船，最后恋情都无疾而终。

她开始慢慢抵触恋爱，至今还是单身。

恋爱的本身是简单、美好、快乐的。若总是因为上一段结束的感情而患得患失，就等于葬送了自己幸福，值得吗？

爱情，让人情难自禁。眼里再也容不下别人，心里想着的、口中念着的都是对方，会找各种理由向对方靠近，如胶似漆，哪怕能多相处一分半秒的也是好的。

爱情，让人春意勃发。心中有爱，生活就会变得生动、多彩。即使害羞、胆怯的女孩，在她爱慕的人面前也会变得异常坚强、独立、生机勃勃。

爱情给人的憧憬是神秘的，我们永远不知道爱情会带来多少欢笑和眼泪。有些人会绝望地说："看过太多失败的例子，早已失去了对爱情的信心。"还有人说："爱情的美好早已不属于我们这个年龄的人。"

其实，有时爱情就像蝴蝶，不要害怕它，不要排斥它，但也不要刻意地去追赶，而是静静地等待，美好的爱情就会降临。对待爱情，有良好的心态很重要，一次两次的失败不算什么，要在失败中找经验。不要忘记了爱情的初心，相信爱情。

6. 仅为报恩而以身相许，一定不会幸福

人生难免遇到困境，也会遇到好心帮忙的朋友——父母重病无钱医治，有好心人施以援手；工作遇到瓶颈，同事尽心尽力地帮助；交不上学费，有人帮助你完成你的大学梦……对于这些恩人，有人觉得无以为报，便选择了以身相许。

静雅，出生在一个偏远山村。她的家庭条件并不好，在她离高考只有三个月的时间时，静雅本就体弱多病的母亲突然因急性肠梗阻引发病变，需立即手术，否则便有生命危险。虽然手术费用并不是太高，但对于本就债台高筑的家这无疑是灭顶之灾。面对医院的催款，静雅老实木讷的父亲愁眉不展。

静雅只得向邻居们借钱，可是由于她家之前借的钱未归还，大家都不愿意再借钱给她。这时，一个叫丰远的男孩儿，把自己存折上的 5000 元全部取出，连同身上的 300 多元钱全部给了静雅，说："你先拿去。若还少了，你再来找我，我帮你想办法。"

静雅拿着厚厚的一沓钱眼泪直流，母亲出院后，丰远又回老家四处求告，凑了几千块钱给静雅做学费。静雅彻底被感动了，她将丰远带到家里，对父母说："妈，您的命是丰远哥救的，而我的学业也将多亏丰远哥，我已决定嫁给我们家的大恩人。"

老实的父母并没有劝阻静雅，而是欣然同意。两人结婚没多久，静雅就被北京某高校艺术学院录取。进入大学后，静雅的眼界越来越高，渐渐后悔自己一时冲动的决定。她宁愿用十倍的钱还给丰远换取自己的自由，却不知道怎么开口。在长达两年的痛苦纠结之后，静雅还是跟丰远离了婚，听着丰远撕心裂

肺的痛哭，静雅心如刀绞。

由于一时冲动，静雅不但害了自己，也同样害了痴情的丰远。

报恩的方式有千万种，为什么非得以身相许？结成夫妻，感情好自然是成就一份良缘；感情不和岂不成了一对怨偶？在无休无止的报怨后才醒悟，不仅耽误了彼此的感情和时间，就连当初的一点恩情都会被抹去。

选择与恩人结婚，一定不是你最开始对婚姻的向往。报恩并不急于一时，可以等自己有一定经济基础的时候，在未来给予恩人应有的帮助。一时冲动做出的决定，事后后悔不仅是对自己不负责，更是对婚姻的不负责。

2015 年，王丽结识了同城的网友张琦。2015 年年底，想买房的王丽急需一笔资金，张琦爽快地给她送去 20 万元，并约好在一年内还款。因为王丽生意不景气，钱一直没还上，张琦也没有催她还钱的意思，王丽心中感激，心想两人年纪相仿，又都是单身，何不以身相许。随后便和张琦说了此事，张琦答应了，两人很快领了结婚证。

婚后初期两个人还算相处和睦，渐渐的，张琦开始夜不归宿，有时还去赌博，两个人的生活观大不相同，没过多久王丽便厌倦了这样的生活，她开始四处筹钱，想把当初借丈夫的钱还上，然后解除婚姻关系。

以身相许，本身就是个错误的开始。现代社会的女性，应该用寻求合适的方法去报恩。感激不是爱情，而婚姻是建立于爱情之上的，仅仅靠恩情来维持一段婚姻，这段婚姻很快就会出现问题。

要有正确的婚姻观。只有选择喜欢的人才能得到真正的幸福。有一颗感恩的心是好事，但不要拿自己的终生幸福开玩笑。

7. 选择结婚对象，聊得来是重要标准

结婚前，身边的过来人们总会给我们很多忠告：

有人说，找一个对你知冷知热的人，婚后才有福享。

有人说，找一个时刻把你放在第一位的人，婚后在家才有地位。

有人说，找一个高大帅气的人，走到哪里都有面子。

有人说，找一个有房有车、有稳定收入的人，婚后就不用那么操劳了。

……

结婚其实是两个人生活，两个人生活中最重要的就是沟通交流，所以找一个陪你聊天的人，很重要。这不仅决定着你们的婚姻质量，也决定着你们的婚姻能走多远。

当你们坐在一起，已经无话可谈时，就是这段感情画上休止符的时候了。

萌萌跟男朋友分手了。他们相恋了三年，又经过了一年异地恋，熬过了七年的异国恋。终于各自完成了学业，回到家乡。就在所有人都以为他们的爱情马拉松要画上一个完美的句号时，他们给出的却是一个终止符。

萌萌说，之前异地恋，两人见面的时间总是很少，每一次见面都被久别重逢的喜悦占得满当当的，很多问题都被掩盖住了。真的要在一起的时候，才发现，异国的这七年，他们已经走得越来越远。经历了不同的事情，接触了不同的人，彼此都已经不再是当年的少男少女了。而他们对彼此的印象，更多地停留在十五岁到十八岁的青春懵懂期。天天待在一起后，发现两人能聊得越来越

少。两个人都意识到他们感情发生了变化，他们守候的不是一份爱情，只是一份理想。

有人问："萌萌，这七年不是白等了吗？"

萌萌只是淡淡地说："谁的青春没有搁浅过。我这一次搁浅了七年，我不能一直搁浅下去。找一个聊得来的人恋爱结婚，我的人生才能扬帆远航啊。"

在生活中，两个人的价值观，对家庭、事业等一切的观念都要相符，这很重要。如果觉得两个人无话可说，或者说了一些事情又不能互相理解。那么，即便是一段多么深厚的感情，也会因此慢慢变淡。

交流是两个人最基本的交往模式，我们一生中的大部分时间是在与别人交流。找一个能陪你谈天说地，而且愿意听你说话，并且很理解你说的每句话的人，是非常难能可贵的。

有一期《金星秀》，节目组请来了赵又廷做嘉宾。从他与金星的交谈中不难看出，赵又廷是个内敛低调的男人，并不是很健谈。

金星问他："回家你和高圆圆话多吗？"

他的回答："非常多。"

金星又问："主要是你在说吧？"

他说："没有，两个人都狂说。"

赵又廷觉得，聊得来，不论什么话题都能说到一处去，话一出口，一拍即合，这对于婚姻来说很重要。

三观一致，志趣相投，平日里待在一起便能够聊到一起，每天有说不完的话，这才是爱情保鲜的秘诀。如果没有那样一个人，还不如选择一个人生活。

两个互补的人可以是好朋友，可以彼此学习、相互进步。婚姻则要选择性格相近的人，这样才会投机，让感情持久。

王志文“不惑之年”依然单身，在《艺术人生》节目中，主持人问他，四十岁了为何还不结婚，王志文说，因为还没遇到合适的。那什么样的女子算得上合适呢?

王志文的回答是："能随时随地和她聊天。"

主持人说："这还不容易？"

王志文说："比如你半夜里想到什么了，你叫她，她就会说‘几点了？多困啊，明天再说吧’。你立刻就没有兴趣了。有些话，有些时候，对有些人，你想一想，就不想说了。找到一个你想跟她说、能跟她说的人，不容易。"

一辈子的婚姻，不是靠表面的美好，也不是靠美丽、帅气的外表，更不是靠有房有车的经济条件，这些东西都会随着时间而发生变化。一个人的三观很难改变，所以找一个三观一致的人很重要，婚姻一辈子靠的是感情的交流，若平时说话总是互相呛着来，再怎么美丽、帅气，有再多的车子房子都抵挡不住感情降温的脚步。

从噩梦中惊醒的时候，凌晨三四点，给男友电话，他接起电话轻声安慰，带着困意却没有不耐烦。然后听你讲完梦。直到你拿着电话睡着了，那边才挂掉电话安然入睡。这样的小事，其实体现了对方从内心的接纳和理解，是生活中的习惯累积而成的。

人的内心在本质上是孤独和寂寞的。我们需要一个“聊得来”的人相互认可，婚姻更是需要被认可和接纳的感觉，双方有共同的三观，有说不完的话，才会让婚姻更持久。

8. 一个人，也要把生活过得热气腾腾

“一个人吃什么呀，没劲！”

“一个人瞎对付一顿饭吧！”

“又没有约会，在家宅着呗！”

“想去旅游，可是没人陪！”

……

生活中总有些单身男女，抱怨单身的不好，羡慕两个人的温度，羡慕有人陪伴的感觉。但其实，即使一个人也可以把生活过得有滋有味。虽然到了结婚的年纪，每天都被逼婚，但这并不意味着只有两个人在一起生活才幸福，也不意味着结婚就是成年之后唯一的选择。

林心如一度被称为娱乐圈的大龄剩女，经常被催婚的她如今也已走入了婚姻的殿堂。

演艺圈人缘超好的林心如，几乎每拍一部戏她的好友圈就会扩大，许玮甯、苏有朋、赵薇和她都是多年的好友。正是有好友的陪伴，林心如经常和一群朋友一起游山玩水，活得潇潇洒洒。

一个人的时候，她喜欢到处旅行，累了去热带岛屿游个泳，去巴黎喂个鸽子。她平时非常注重保养，喜欢在健身房挥汗如雨，所以如今她已年过 40 却依然是那个楚楚动人、一笑便漾出甜美酒窝的女孩。

2016 年，40 岁的林心如终于嫁给了霍建华，她身边的朋友说：“你值得拥

有幸福。”

一个人也是一种生活方式，两个人是另一种生活方式。一个人生活有一个人的自由，也有一个人的孤单；两个人生活虽有对方的陪伴，却也有牵绊。

即便是一个人，也要把生活过好，让自己变得优秀，这样，等爱情来临的时候，才不怕对方嫌你不够优秀、上进而拒绝你；才不会为物质而忧虑，导致因为钱去选择一个不爱的人。

一个人也可以过得很好，你可以不受家庭的约束，做自己喜欢的事。不强求自己要去依附另一个人而度过一生，比如不断的相亲，勉强来的感情未必如愿。

与其把幸福寄托于还未出现的人身上，还不如自己去填充自己的时间，渐渐地你会发现其实自己过得也很好。若那个能给你感情和安全感的人还没出现，就耐心等待吧。

生活不仅仅只有婚姻和爱情。还有家人、朋友、工作、爱好。可以去学习新的东西，接触新的人群，也可以各地走走，寻找给自己惊喜的地方。

小薇是个典型的乐观主义者，她的人生格言是一句俗透的话：走自己的路，让别人去说吧。虽然马上她就 30 岁、是世人眼中的“剩女”了，但小薇从来不会焦虑，身边七大姑八大姨的“好心劝告”都被小薇技术性地顶回去了。

小薇经常去 KFC 点自己最喜欢的奥尔良烤鸡腿饭，吃得津津有味；茶足饭饱后再去看场电影；偶尔，她还会穿漂亮的礼服参加一些朋友的聚会，和大家谈天说地。

她说：“我自己赚钱自己花，谁也没妨碍，只是因为没有遇到合适的人，所以没有结婚，怎么就成失败的典型了？嫁不嫁，生不生，为什么成了衡量女人成功的标准？我一直努力让自己变成最好的自己，然后去遇到生命中那个对的人，有错吗？为什么非得委屈自己下嫁？难道一个人的精彩就是敌不过两个人的温暖？”

无论如何，一个人也要好好吃饭。食物有超乎想象的治愈力量，它能填饱肚子，更能治愈孤独。

可以在有空的时候去理发店尝试换个新造型，从头到脚换个风格，也能让自己换种心情；记住一些“无关紧要”的小日子，和朋友同事随便找个理由去 high 一下；一个人去旅行，看看各地的风土人情、别致风景，放松心情；抽时间回家看看，亲情会给我们最大的鼓舞，也会让心好好休息。

生活里除了爱情，还有很多美好的事情值得我们为之努力。单身也是一种生活方式，如果连一个人的日子都过不好，那即便是两个人的幸福来临时，你也把握不住。充分利用单身时光好好充实自己，把以前未完成的梦想悉数拿出来让它们重见天日，做更快乐的自己。

奔着美好而来，不被委屈和眼泪打败

第九章

别怕受委屈，人的胸怀是委屈撑大的

失去太阳的时候，主动地去拥抱星星

不要浪费一分钟给伤害你的人

生命应该被消耗在美好的事物上

保持一点无比珍贵的孩子气

放下伪装的面具，做真实快乐的自己

1. 别怕受委屈，人的胸怀是委屈撑大的

公司里，阿杨问："您好，王总。昨天我交给您的文件签字了吗？"王总想了想，然后翻箱倒柜地找半天，最后摊开双手："我从未见过你的文件。"

公共汽车上，一个男青年往地上吐了一口痰，被售票员看到了，对他说："先生，为了保持车内的清洁卫生，请不要随地吐痰。"没想到男青年不仅没有道歉，反而破口大骂。

我们身边总有些人，承受着各种各样的委屈。阿杨没有和领导顶嘴，而是重新打印一份文件，重新申请签字；售票员没有骂男青年，而是用纸将痰擦干净。承受得住委屈的人，必定有广阔的胸怀，能成就大事。

陈亮上大学时学的专业是德语，毕业后在一家外贸公司做文员。有一些进口产品的英语说明书，老板总拿给他看，让他也提提意见。可能在老板眼里，德语、英语，都是外语，触类旁通也说得过去。可是有许多英语专业术语很难准确理解，经常他说的老板不明白，老板想要的他又解释不清，老板为此骂了他好几次。陈亮委屈极了，这明明不是我的专业啊！

后来，他给了自己四个月期限。大冬天，下班以后，坐两个小时的公交车去上专业英语辅导班。坚持了四个月，他再看那些英语说明书时便容易多了。陈亮没有停下来，而是继续学习，一年之后，他对英语说明书已经一目了然了，口语也有了很大的提高。之后陈亮跳槽到另外一家企业做外贸主管，薪资是之前的两倍。

在职场中，我们都没有避免受委屈的选择权；然而当委屈来临时，你也无须惧怕。只要让自己每次受伤害时，都有脱胎换骨的能力，就能在职场中破茧而出，而你所吞下的委屈和伤害，也才值得。

马云在担任一档电视节目的评委时，曾对一位选手说："人的胸怀是委屈撑大的，多一点儿委屈，少一些脾气，你会更快乐。"

不要太计较那些委屈，别人承受不了的委屈你承受了，便可以做成别人做不了的事情。要学会转化和消化负面情绪，就会发现生活的美好。

刘健是一名"90后"。他已经在公司工作一年了，很多人说他阳光、聪明、富有激情。有一次，在一个团队项目中刘健出现了一个失误，虽然不是什么致命的错误，但是给团队的协作和效率带来了一定影响。他的领导对人的要求是极其严格的，当众把他批评了一顿，说他不仅能力不行，还拖累全组人加班、扣奖金……

他很愤怒，便提出了辞职，相关人员都极力挽留。但他铁了心要离开，表情里带着一些愤恨。"我实在受不了他的咆哮，"他说，"他像疯了一般当众骂我，太伤自尊了。"

职场上，没有谁比谁过得更轻松如意的。那些让我们羡慕的成功者，不过是打败了一个个委屈，才能一步步前行直至成功。

如果能把每次的委屈和伤害，视作你转变所需的营养珍馐，绝对能够喂大你的格局。否则，事过境迁后，别人只会记得你爆发的情绪，却不记得事情原因，徒留给别人不好的印象。

请记住，委屈来临时，通常伴随着一股动力，但是这种想证明自己的动力，并非像八点档乡土剧的那种剧可以达到的。

在曼德拉总统的就职典礼上，曼德拉邀请了当年看守他的三名狱卒观礼。他说，那段牢狱岁月使他学会控制情绪，也学会处理苦难带来的痛苦，并在众目睽睽之下，起立表达对这三名狱卒的敬意。

这项举动，令全世界的人对他肃然起敬，不仅让虐待他多年的南非白人无地自容，更展现了曼德拉非凡的气度和格局。

面对委屈时，不要太在意旁人的眼光，只要记得，永远对自己负责。人生在世，注定要受许多委屈，要学会一笑置之，要学会超然待之，你要学会转化势能。吞下的是委屈，喂大的却是你的格局，你受得了何种委屈，决定你能成为何种人。

2. 失去太阳的时候，主动地去拥抱星星

身边总有人感叹一份干了几年的工作说丢就丢了，一份几年的爱情说分手就分手了，一个学了几年的专业说用不到就用不到了。这些人执着于感伤和曾经的失去，以致忽略了身边的风景以及未来可能存在的惊喜，不能不说是一种得不偿失。

波尔赫特是一名著名的话剧演员，她在世界戏剧舞台上活跃了长达 50 年之久，但当她 71 岁时，却意外地破产了。更糟糕的是，她在乘船横渡大西洋时，不小心摔了一跤，腿部伤势严重。医生认为，只有把腿截去才能使她转危为安，怕她受不了这个打击，迟迟不敢告诉他这个消息。

可事实证明，医生想错了，当医生告诉她这个消息的时候，她平静地说："既然没有别的更好的办法，就这么办吧。"

手术那天，波尔赫特在轮椅上高声朗诵戏里的台词，有人问她是否在安慰自己，她回答："不，我是在安慰医生和护士。他们太辛苦了。"

后来，波尔赫特又继续在世界各地演出，又在舞台工作了 7 年，收获了更多的掌声。

失去太多，也许没有人不会感到遗憾和痛苦，但是失去的已经失去，不要把过多的精力投注在没有意义的事情上，过多的停留只会让你失去更多。让昨天的失去永远定格在昨天，是你活得快乐和成功的一种优雅心态。

印度诗人泰戈尔在他的诗中写道:如果你仍在为失去太阳而哭泣，你也将失去群星。

仔细想想，人生几十年，长一点也不过百年。来的时候赤条条，最终也两手空空地离开。纵然有钱人能买一个上等的骨灰盒，买一块上等的墓地，可里面装的也不过是一把灰！所以，生命的意义不在于到达目的地，而在于这短短的过程。

如果我们在有限的生命里，把过多的时间都耗费在对过去失去的耿耿于怀，那是多么大的浪费啊。曾经的失去可以成为借鉴，但不能因此背上包袱，因为我们还有很长的路要走。丢掉那些因为失去而衍生的哭泣、烦恼，轻轻松松上路，你才会越走越快，越走越欢愉，路也越走越宽。

《哈利·波特》这部书风靡全球，它被翻译成近70种语言，在全世界200多个国家累计销量达3亿多册。而它的作者——英国女作家J.K. 罗琳却有一个不堪回首的过去，她大学毕业后，在伦敦过着漂泊无依的生活，结婚后又被当记者的丈夫抛弃，但她走出了过去的阴影，最终写出了畅销全世界的科幻小说《哈利·波特》。

花时间抱怨、感叹那些失去的东西是没有意义的，生活要向前看。抱怨、怀念都是在浪费时间，阻止你向前的脚步。

西方传说中的吸血鬼，貌美英俊，在吸血的同时，会向人的血液注入让人感到快乐的毒素。人甚至会在被吸血的时候有一种快乐安详感，最后慢慢被抽干，变为一副躯壳。

一个初学打猎的年轻人跟着自己的师傅一同进山打猎。

没走多远他就发现了两只兔子从树林里蹿了出来，年轻人很快取出了自己的猎枪。两只兔子向不同的方向跑去，年轻人一下子不知道该向哪只兔子瞄准了。他想打这只兔子，又怕那只兔子跑了，猎枪一会儿瞄准这只，一会儿又瞄准那只，就这样瞄来瞄去，结果两只兔子都不见了踪影。年轻人感到十分气恼，一直对此事耿耿于怀。

他的师傅说："你今天犯了两个错误：第一，两只兔子向不同的方向跑，你的枪再快，也不可能同时射中两只呀。一定要选择好目标，这样你就不会空手而归了。第二，既然两只兔子都跑掉了，你应该再接再厉，寻找下一个目标，而不是垂头丧气地沉浸在失去猎物的情绪中。"

明知道失去的工作、感情、时间都无法挽回，就没必要在这些事上浪费更多的时间。只有学会放下，才会有更好的选择。可能更好的机会就在不远处，只要你抬头就会看到，你若永远不抬头那么只会失去，而且会失去的更多。不要沉沦于一件过去的事情中不能自拔，这样只会因小失大。

人生光阴几十载，在生命余下的时间内，还有更多的事情要做，把时间花费在对过去的迷恋中，便得不偿失了。所以在失去太阳的时候，学会主动拥抱群星吧！

3. 不要浪费一分钟给伤害你的人

当我们遭受侵害时，心中愤怒、伤心、痛苦，想要不顾一切的报复，甚至于想要结束生命一了百了。但仇恨不会拉你脱离深渊，只会让你越陷越深。

秦莉是个乖巧的孩子，从小到大她的父母家人一直将她当公主一样宠爱，她本应该有个很美好的未来——和喜欢的人恋爱、结婚，过幸福的生活，好好照顾父母。但是，一次意外毁了她的一生。

当时的秦莉正在上初三，刚下了补习班的她独自走在回家的路上，身后有人尾随她，她正想回头看一下，迎来的却是大力的一棍。她被强奸了，正值花季的她却失去了宝贵的东西。

秦莉不敢和任何人说，在心中留下了深深的恨。她不知道以后怎么活下去，每天都会从噩梦中惊醒，而且还不断地用小刀划伤自己，以减轻心灵的痛苦。

陷入仇恨，受到最大伤害的是自己，而不是你所仇恨的对象。

在电影《拯救者》中，主人公因为其他人的仇恨而失去了自己的亲人，加入了仇恨的行列，展开了漫无目标的杀戮，使不相识的人失去亲人和生命。后来主人公又加入法国那个著名的雇佣军团，参与到由仇恨交织的种族战争中去，如果活着结束这次雇佣任务，他就可以“拯救”自己，拥有合法的身份，从而结束流亡的生活。

就是在这样一场充满仇恨的战争里，主人公看到了人性的泯灭，也重新激发了他深藏内心的怜悯和爱。险恶的环境、危险的身份、无处不在的仇恨，使得主人公渐渐明白，放下仇恨又谈何容易。如果说，在这场战争中他对弱小生命的保护可以拯救自己的话，这条救赎的路却比当初他堕入仇恨的路还要艰辛，也许这就是他所要付出的代价。当主人公看到一同逃亡的年轻母亲为了保护一条始于仇恨而降生的小生命毅然赴死的时候，他才知道，什么是真正的拯救，如果不抛弃仇恨，没有谁能拯救你。

周娜和男友在一起两年多，两个人感情一直不错。

一次出差，周娜比预计的时间早到了一天，想给男友一个惊喜，结果惊喜变成了惊吓。男友跟另外一个女人在床上被周娜抓个正着。周娜痛不欲生，找朋友诉苦，朋友吞吞吐吐地告诉她，其实，男友背着周娜和一个坐台女在一起开房住了一个星期，还带坐台女和朋友吃饭，以炫耀自己的“撩妹技艺”。

周娜知道后坚决要分手，但男友苦苦哀求，甚至下跪认错，表示不愿意分开。两个人纠缠了一段时间，那段时间里，周娜非常痛苦，捉奸在床的阴影始终困扰着他。最终周娜选择了离开，结束了一段错误的感情。

感情出现了问题，你受到了伤害，遇到了人渣，无论是无意还是刻意的，这段感情便走到了尽头，不要试图去原谅和相信对方可以改正。如果他真的在乎你，便不会做出伤害你的事情。

人生短暂，不该把你的宝贵岁月和人渣分享，假如别人真的需要你，他们自会腾出一片空间留给你。有时候放弃也是一种选择。

记住，不要去恨一个人，因为那是对自己的折磨。我们没有必要为了一个微不足道的人来折磨自己。在恨的同时，你也磨去了自己心中原有的善良和仁慈，会蒙蔽你的双眼，错过很多美好的东西。用快乐去交换仇恨，不值得！

也许有人说：“他伤害了我。我就要报复。我不能这么原谅他，我也要让他遭受同样的甚至更残酷的罪，我要让他也过得不好，让他难受，让他也不得安生。”其实，在报复对方的同时给自己也带来了伤害。

马德说过:“记住，这个世界，没有一种痛是单为你准备的。”因此，不要认为你是孤独的疼痛者；也不要认为，你经历着最苦的疼痛。尘世的屋檐下，有多少人，就有多少痛，就有多少断肠人。在芸芸众生中，你的这点痛，真的不算什么。

人生只有伤心的理由,没有沉沦的借口。报复仇人的最好办法就是让自己以最快的速度站起来，让自己过得更好。

4. 生命应该被消耗在美好的事物上

生活中有很多美好的事物：一道别致的风景，一部好的电影，一对爱你的父母，一只可爱的宠物，一顿丰盛的晚餐，一条自己喜欢的围巾……美好的事物那么多，何必浪费时间去在意不美好的事物呢？

从电视台辞职的宁远，一边开着自己的小服装店，一边读书写作、喝茶种菜，生了两个孩子，生活其乐无穷……很多认识她的人都感慨："离开电视台可惜了。"但是宁远不这样认为，她喜欢自己现在的生活，对之前钩心斗角的职场生涯厌恶之极。

宁远说："没有谁的人生是完美的，但追求完美的姿态却可以变成美。手工不好没关系，画得不好没关系，喜爱才重要。全身心投入一件事，享受它，在这个过程里，你其实已经开始收获了。生活，一思索都是疑问，唱出来才是歌。不需要多大的梦想，只需要小小的心愿。设定一个，然后一点一点接近它，我想每个人都能找到灵魂跳舞的感觉。"

带孩子，做衣服，写字，这三件事构成了她过去几年生活的主线。宁远的生活在很多人看来是平平无奇甚至无聊乏味的，但是宁远做得有滋有味。因为喜欢，所以欢喜。

每个人都有自己喜欢的事，但并非每个人都能全心投入其中，并坚持喜欢下去。对于很多人来说，喜欢一时并不难，难的是坚持喜欢下去。而美好生活是建立在做自己真正喜欢的事情上的。

同样的生活状态，同样的生活内容，有人能够活得快乐而自足，有人却活得憋屈而郁闷，其根源就在于心态。宁远相信美好，相信自己能制造美好，于是，她最终可以得到生活的美好，并享受生活的美好。反之，用糟糕的眼光看待所有事情，一件小事都会毁了心情。

王洋是一个很爱较真的人。她经常因为一件事情钻牛角尖，好几天才能缓过心情来。失恋对他来说更是大事了，大学期间他因为失恋还特意休学一年来调整心情。

有一次商场电器大促销，他在店员的介绍下买了一台加湿器，花了不到200块钱。几天过后他发现自己家的电表走得飞快，他便怀疑加湿器是假的，根本不是什么好品牌，便去了商场找店员理论："卖我的时候说耗电低、保湿好，根本就是糊弄人……"店员很是无语，不得不把经理找来，与他一同寻找原因。最后才发现，是他自己糊涂记错了上次交电费的日期。王洋不得不向商场的工作人员赔礼道歉。

还有一次，刚上班他就大叫心情不好，同事便问他："怎么了？抑郁了？"

他说："恩，抑郁了。早上挤公交不小心踩了一女的脚一下，被她翻了个白眼，重点是我道歉了。现在怎么什么人都有，道歉了还瞪我……"

人生苦短，如果你总去在意那些糟糕的事情，只会让你过得更痛苦。不要为明天忧虑，因为明天自有明天的精彩；过去无须追悔，因为过去无法弥补。而未来无法掌控，我们能做的，就是紧紧抓住当下这一分、这一秒，去做自己认为有价值的事情。

别把时间浪费在悔过和忧虑上。有空去野外散步，去旅行，也不要因鸡毛蒜皮的事情弄糟了自己的心情。生活有很多美好的事情，不要委屈自己，用好的心态看世界，你会发现很多从未看到过的美好。

5. 保持一点无比珍贵的孩子气

在成长过程中，随着年龄的增长，我们的心思也会一年年变得复杂，许多人为了金钱、名利而奔波，恰恰淡忘了曾经拥有过的那颗简单纯真的心才是最快乐的。

小玲是独生女，从她七八岁开始，她就每天自己走路去上学。有一天早晨天气不太好，云层渐渐变厚，到了下午放学的时间开始刮起了风，不久天空中出现了闪电和雷鸣，一场大雨就要倾盆而下。

小玲的妈妈很担心女儿会被雷鸣吓着，她急忙带着雨伞和蓑衣沿着上学的路线去接小玲。当妈妈忧心忡忡地找到她的女儿时，看见小玲神情安定，不慌不忙地走在马路上。而且每次闪电出现时，小玲都要停下脚步，抬头看一看并且露出微笑。妈妈看到这个场面非常惊异，忍不住叫住小玲，问："你在做什么呀？"小玲认真地回答："上天刚才帮我拍照，所以我要微笑啊！"

回到家里之后，妈妈严肃地对小玲说："刚才那种情况非常危险，以后遇到雷电时你应该赶快跑回家。"小玲不服气地回答说："奶奶对我说过，雷电只劈坏人，不打好人。我是好人，从来没有做过坏事，所以我不怕。坏人才害怕呢，我为什么要像你们大人那样急着跑回家？我可以慢慢地走啊。"

小玲妈妈被孩子纯真的表情感动了，虽然她仍然为她孩子讲解了雷雨天气需要注意的事项，但却希望孩子的心灵永远都这么干净纯洁。

很多人越来越老成世故，甚至虚伪圆滑，我们若还能保留一点孩子的纯真，像孩子一样简单快乐，不仅会交到很多朋友，还会更充实更满足。

童心是阳光下闪烁的露珠，给人生留下晶莹和纯情；童心是生命中最可爱的花朵，给岁月留下香甜和温馨。童心是这个世界的原色，没有一点功利。就像花儿的绽放，树枝的摇曳，风儿的低鸣，蟋蟀的轻唱。童心不是那种故作的天真，也不是那种超出年龄的作态。童心只是保持对美好事物、美好情感永不停歇地追求。

生命有得到是正常的，有失去也是正常的，如果你紧紧抓住失去的不放，得到就永远也不会到来。当你在痛苦不已的时候，不如向孩子学习修复悲伤的能力，保持一颗童心，活得单纯一点，开心也会多一点。

妙筠莹是个乐天派女人，她这样的性格还多亏了一个书面上的人物“马小跳”。从上学的时候她就喜欢看“马小跳”，到现在她都是已婚女人了，却依然对马小跳情有独钟。

“马小跳”这个名字几乎成为她生活的一部分。跟着马小跳，不跳也会笑，每当她烦恼时，只要翻一翻马小跳，看到马小跳那天真调皮的样儿，她所有的烦恼都抛到九霄云外去了。

每当生活中出现小纠葛的时候，她都会想起马小跳那无拘无束的笑容。她曾渴望拥有马小跳一样的生活。每当她失意的时候，她仿佛会听到马小跳说：“没什么大不了，舒展眉头，照样开开心心迎接明天。”

保持一颗童心，因为那是人的天性。心理学研究发现，不管你自认为多么世故圆滑，你的内心深处都深藏着童年的记忆，都渴望像孩童那样真性流露，无拘无束。美国总统林肯喜欢与别人分享自己的笑话，而且他常常在讲笑话的时候控制不住自己，先大笑起来，手舞足蹈。鲁迅先生在儿子周海婴因赌气而躺在地上不起来的时候，会陪儿子一起躺在地上。《福布斯》把推上封面人物的首位中国企业家戏称为“顽童”，而这位“顽童”，就是大家熟知的阿里巴巴的创始人马云。

生活需要童心，因为它是快乐的源泉。在日本，有一位 99 岁的老人，在一首诗中写道 :“就算是九十岁 / 也要热恋啊 / 爱似在做梦 / 我的心已经飞上云端。”这首诗很快被人跟帖 :“像个小孩样，带点幼稚。”老太太回帖说 :“我这不是幼稚，而是具有一颗童心。是它让我快乐，让我保持年轻的心态。”

其实，想要拥有一颗童心很简单。你可以偶尔对父母撒撒娇，缓解一下尴尬气氛 ; 你可以与他人开开玩笑，调和一下感情 ; 你也可以听听儿歌，看看动画，重温童年时代的纯真与美好。

童心是生命的润滑剂，是从心底升起的阳光。如果所有人都保持一颗童心，我们的生活将变得简单而快乐。

6. 放下伪装的面具，做真实快乐的自己

生活中，我们总在掩饰自己，经常说一些违心的话。

朋友欣喜地问："这件衣服好看吗？"

即使不合适，我们也会违心地说："好看。"

朋友带女朋友来见你，偷偷地问你："我女朋友漂亮吧？"

你看到他得意的表情时会说："嗯，挺漂亮的。"

我们不仅会说些违心的话，也善于掩饰自己的心情。明明看不惯却忍住不说，明明心里觉得委屈，却不抱怨。其实何必伪装自己，不喜欢就说出来，心情不好就发泄出来，也没什么的。只有真实的做自己才会快乐。

韩国第一任女总统朴槿惠女士在没有进入政坛前，曾走遍了韩国知名的大山和遗迹。

有一次，朴槿惠走进一个村子，村子里的大婶们正在晒辣椒，看到朴槿惠经过就把她叫住，她们旁边放着刚煮好的面条。有个大婶说："我说你呀，虽然不知道你是从哪来的，反正用餐时间也到了，过来一起吃碗面再走吧。"朴槿惠怕会打扰到大婶们，婉拒了她们的邀请。结果大婶们一脸失落："是因为没什么配菜吗？"

朴槿惠走了很长的路，其实肚子也真的饿了，况且要是再拒绝恐怕就让人难堪了，所以她就走向她们。一位大婶马上装了满满的一碗面条给她，乡村的人情味让她感到相当温馨。在愉悦的聊天声中，她吃完了一大碗面，原本空空

的肚子也变得充实了。

朴槿惠愉快地说："谢谢您的招待，可是我现在没什么能送您当回礼。下次再走这条路，我一定带礼物来见您。"这时候大婶们异口同声地说："我们只是多加了一副碗筷而已，有什么好感谢的。"

吃了那碗美味的面之后，朴槿惠开心地离开了，此时一位老奶奶紧跟在她后头。

"我知道你是谁，你和死去的陆女士长得真像呢。她生前做了太多善事，就算其他人把她忘得一干二净，我是绝对不会忘记她的。拉电线到这个小乡村的人是你爸爸吧？可惜你爸爸去世得早，哎，真是可怜的孩子。"

说完老奶奶就从口袋里拿出了揉成一团的几张钞票，要朴槿惠拿去当零用钱。她不停地婉拒，老奶奶依旧把手里的几张千元钞票塞到她的手里，之后就转头离开了。"振作点，往后的日子还很长。"这句话让朴槿惠十分感动，眼泪就这样不受控制地夺眶而出。

朴槿惠一直坚信这世上最好的时光是在旅行的路上，最美的自己在未知的远方。因为可以在不同的地方遇见不同的人，他们各不相同的人性闪烁，会在与自己交错的瞬间，改变、点化、充盈着自己的人生。孤独的旅行能让人有更多的机会单独面对自己，向自己内心深处进发。也许总有一天，会在不经意之间，在一个陌生的地方遇见那个最想成为的自己。而那个自己，卸下了在都市丛林里背负的重重伪装，光鲜艳丽，宛若新生。

当我们试图去伪装自己时，总会觉得别扭，也总会被别人轻易的看穿。既难为了自己，又被别人轻视，与其这样为什么不把真实的一面展现出来呢？

我们的生活就是这样，每天都真实地上演一出出戏，也是一部永远没有结局的戏，而我们就是参演这部戏的男女主角。每天你睁开眼睛后，梳洗打扮一番就要马上进入角色，忙忙碌碌地开始不停地去努力，有时会感到烦躁不安，但我们却没有喊停的权利。

从此之后我们学会了用微笑去掩饰，学会了在熙熙攘攘的人群里大步穿梭，有时候自己都不知道想要的究竟是什么？因为希望得到更多,所以才去不断地追求，直到有一天恍然发现，在这条路上，我们偏离了方向，失去了太多的本真。

我们经常觉得自己并不快乐，因为禁锢了最真实的自己；我们经常轻松地说“我没事，我很好”，而夜深人静时却一个人痛哭；我们经常在别人面前假装很强大。其实想想又何必伪装，做真实的自己才最重要。

莫文蔚是个很真实的人，曾有记者提问时刚开头说：“你长得不是很漂亮……”，她根本不给对方机会问下去那个“但是”，就直接打断说：“对不起，我觉得我非常漂亮。”

她还干过一件轰动香港的事——全裸出镜。她的第一张粤语专辑《全身》，封套上的莫文蔚留着寸头，全裸着安然地卧在沙发上，撩动了全港人的心，但专辑只卖了 3000 张。她几年后才被人认可。但她说，她从不后悔自己的选择。

经历过无数的风格转换，一首《宝贝》回到了最初简单的风格，为了这个简单，她亲自选了去澳大利亚昆士兰拍摄 MV，亲自选景、选人物。

工作中的莫文蔚，很较真，一切不做到最好决不罢休。为了保持体力，她房间里随时放置一台跑步机，不管工作到多晚，睡觉前她依旧要用半小时来跑步。

对待爱情她更是不做作、不伪装，2007 年，她在演唱会上说：“《其实我一直都想对你说》这首歌是唱给他的，但我们分手了。”很直接地宣告她与冯德伦这段姐弟情画上了句号。

我们要活得自在逍遥，只有做真实的自己。生活属于自己，而别人只能作为点缀生活的一部分，不要因为别人的看法而改变自己太多，也不要让别人来控制你，填充你的整个世界。做个真的自我，开开心心，做自己。

不断地告诉自己以一颗平静、无谓、理解的心去面对一切，让自己轻松、简单、真实地生活。放飞一切烦恼与忧伤，沉淀一切不需要的复杂，剪断一切世俗的情感。

丢掉虚伪的包袱，找到最真实的自己，开心就哈哈大笑，难过就放声痛哭，愤怒就去发泄。你要做的就是做好自己，不用在意他人的眼光。若总是拿着剧本生活，只会让自己更辛苦。

相信自己，做真实的自己。我们都应该成为主宰自己生命的人，自导自演人生这部大戏，千万不要因他人的论断而束缚了自己前进的步伐。

第十章

焦虑慌张的时候，停下来等一等灵魂的脚步

总和时间赛跑的人是笨蛋

给自己留点时间蓄锐，或者纯粹只是用来浪费

允许在某些方面别人比自己优秀

有时候对自己说『差不多』就行了

不忙未必就做不好工作

享受生活不一定非要等到退休后

让灵魂跟上你的脚步

1. 总和时间赛跑的人是笨蛋

曾经我们认为只要用尽全力去奔跑，一定能把时间远远地抛到身后，可当我们转过头时却发现，原来时间一直在身侧，气定神闲地看我们拔足狂奔。因为时间永远不会以任何人的意志为转移，不会因为你快，它就放慢脚步。别再试图和时间比赛，没有人能追得上时间。

杨艳丽是一名普普通通的公司职员，不久前她为了儿子上学方便的问题搬到了离学校不远的小区，也换掉了干了六七年的工作。因为离得近了，每天中午都要回家给儿子做饭。

自从杨艳丽一家人换了住处，她花在上班路上的时间虽然缩短了些，但是，忙得更是脚打后脑勺了。尤其中午，来回的路上就要花近一个小时，做饭吃饭要保证在四十分钟以内完成。每天争分夺秒像打仗，吃饭走路像急行军。有时也想在外面凑合一顿，又担心外面的饭菜不干净，老公又有胃病。她问同事中午怎么吃，回答千篇一律：都是“快餐”。

这样高速运转的生活是每一个都市里生活的男女老少的常态，早上起来马马虎虎吃几口饭就要去挤公交、挤地铁，路上总会遇到一手豆浆一手饼在狼吞虎咽的上班同族。好不容易挤上了车却没有座位，但是站着也要眯眼睡一会儿，有的人干脆把早餐拿到车上去吃。晚上下班又要步履匆匆，争做晚高峰中最早的一批，每个人每天都在做时间洪流中的先锋者，疲惫而忙碌，极速而麻木。

美国有一部电影叫 *In Time*，在电影里，时间就是生命。贫民区的人工资是时间，工作资本也是时间，他们每个人手上都有一个生命时间表，他们要无休止境的工作来换取自己表上更多的时间以存活在这个世界上，生活中的柴米油盐也是要用“时间”去支付的。他们全部的精力都只能放在明天还能不能睁开眼看这个世界，只能在乎明天，他们不敢停止，不敢“安于现状”，不敢歇一歇，因为一旦停下来，有的人可能下一分钟就会和这个世界永别。电影无限地放大了我们当今社会的生存现状，极端又血淋淋的、让人胆战心惊的真实。

我们现在拿命换钱，以后就要反过来拿钱换命，当我们像挤海绵里的水一样来压榨时间的时候，计算过自己的生命成本吗？我们总想着现在多努力一点，老了可以颐养天年，可是这个天年是多久？很多人因为过劳而生病倒下，那这个天年还能不能如预想般如期而至，就真的不得而知了。

我们总是把伟人的话挂在嘴边“一万年太久，只争朝夕”，想着“我要争朝夕、争朝夕”可朝夕易得，一万年却是痴人说梦。我们做不到争完前五千年的朝夕后静静地享受余下的五千年岁月。我们只有短短的时光来享受和领略这个世界的精彩。想想我们已经过去的几十年生命换来了什么。

有人遗憾，把最好的光阴花在读书和考试上面；有人庆幸，自己已经获得了满意的工作，美满的家庭；有人觉得窝囊，因为用辛苦攒下的工资买了房和车后，还要继续节衣缩食来还贷。也就是说，大半的时间我们在为各种各样的账单而活。很多人想，我得给我的后代挣出房子车子还有以后工作的路子，让他们不要像我一样辛苦。可是儿孙自有儿孙福，你把他们自己要奋斗得来的东西提前摆到他们面前，他们的人生又何以为继？

等我们拼出了好几代坐吃都不空的山时，自己却已经“时日不多”了。所以，今日事今日毕，别再想着把未来好几天的工作都搬到今天来完成，想让马儿跑也要喂饱了草，偶尔停下来歇歇脚，养精蓄锐，才能有更多的时间来实现人生中更多的目标和梦想。

2. 给自己留点时间蓄锐，或者纯粹只是用来浪费

很多人忙忙碌碌地生活，大部分时间都用在学习、工作上，经常把自己搞得很狼狈，不会调节时间。忘记了自己也需要休息，也需要给自己找一个栖息地。在生活中，我们要学会张弛之道，给自己留点时间“充电”，给自己留点时间“慵懒”。

思琪自己开了个小公司，她经常因为一个项目熬夜到凌晨三四点钟。忙碌的工作之后，她经常去咖啡店看书，有时也会将客人约到咖啡店，享受片刻的安宁。

一次，她来咖啡馆没带手机，半个下午加整个晚上她一直在咖啡馆看书，直到咖啡馆打烊，她才恋恋不舍地离开。第二天回到公司，同事遗憾地说：“有个客户一直打你电话没有打通，人家只好联系小王，你那个订单应该要丢掉了。”

思琪微微一笑说：“没什么啊，虽然丢了订单，但我昨天下午过的很充实！”

中国自古就有许多珍惜时间的格言，如“一寸光阴一寸金，寸金难买寸光阴”，如“时间如白驹过隙，一去不返”，如“少壮不努力，老大徒悲伤”。这些格言都在教导我们应珍惜生命的一分一秒，使自己的人生呈现出更大的光芒。

珍惜时间当然是对的。一个人纵有惊世之才，倘若他只是热衷于喝酒、跳舞、搓麻将、泡妞，不利用空闲时间学习、钻研、工作，也不有什么作为。毕竟，人的成就都需要投入脑力和体力，而脑力与体力只有在时间中才能积淀为经

验、智慧、能力。

有些时间是用来珍惜的，珍惜了，我们才可能有人生的高度;有些时间是用来“浪费”的，“浪费”了，我们的生活才有更丰富的色彩，这样的“浪费”本质上是另一种珍惜。

在空闲的时间里养精蓄锐，其实是为明天更好地工作而做铺垫，给自己的生命适当地留一块绿地，这块绿会让你足够放松、充实自己或是发泄情绪。

密实而紧迫的人生也需要精彩的留白,需要心无旁骛地愉悦自己。要给自己空间尽我所能地捕扑捉生活中的美好，不羡慕他人的光鲜亮丽，只活在自己的小小天地中。

默默和男友是异地恋，平常二人都习惯给对方足够的空间，

有时默默身边的朋友会问她：“他，还在吗？”

默默随言：“嗯，他一直在。”

默默说：“从前也曾想过，25岁前，若月老眷顾，遇到对的人，便相守一生。但很早成婚的概念从小就没有被传入大脑。想想就算了。”

默默和男友聊天，基本不聊结婚生子、金钱、事业。她说，这些现实的东西会给彼此带来压力，两个人心中有数就好。

异地恋的生活使彼此对对方生活了解其实甚少。却也多了想象的空间。她很享受这种感觉，留点空间给自己，留点空间给对方，留点美好给距离。

现在的时间，似乎比以前快了；人们行进的脚步，也被现实的种种压力重重地驱赶着。当身影被生存法则淹没在碌碌人海之中，当生存的意义、理想、热情、信念等人生命题不停地在心中盘旋时……你是否有一种，说不上是疲倦还是厌倦的感觉。

生命中，你若心存澄澈、淡白风月，便怡然自得，不会计较太多的得失。在

烟花三月里看一场艳丽的花事,终究是一次全新而暖心的记忆。待许多年后再回顾，浅笑如拂过眉间的风，清淡游离于心间，一笺未尽言语的留白隐忍于额角。

在寻梦与追赶目标的途中，如果名利、权势成了人们奔赴的“天堂”，争着往前挤、往上爬，即便再精疲力竭，还是充盈了欲望，不愿留下一点时间和空间给自己。那么，在繁华喧嚣中，在灯红酒绿中，便会逐渐丧失纯真的心，看不到春花秋实的美丽，看不到太阳的光辉，瞧不到月亮的静美。

人这一辈子总有许许多多的事情要去做,永远也做不完。生活不要安排得太满，人生不要设计得太挤。给心灵透透气，便会有不一样的心境。给自己留点时间，留点空间，这是一种健康的生活姿态。世俗名利及无端的追求就不会充满整个心灵，就能留有时间来观察生活，享受生活。

3. 允许在某些方面别人比自己优秀

每个人的周围总会有一些这样的人，他们十八般乐器样样拿得出手，他们把计算机玩得出神入化，他们知识渊博、出口成章……不得不承认，他们的确在某些方面比你强。

承认别人比自己优秀是一种发自内心的对个人价值的肯定和追求，每个人都应该真诚地祝福别人，接受自己的不足，赞美别人的优秀之处，努力让自己更美好。

但也总有人心里容不得"优秀的别人"，对那些方方面面都不如自己还整天瞎开心的人有种莫名的嫌弃，对比自己活得光鲜的人会去百般诋毁，而自己又每日郁郁寡欢，恨铁不成钢。自己过得不好，就心理暗示别人也一定过得不好，别人的好一定都是装出来的，总觉得光风霁月的大家们私下一定是变态，事业兴隆的人一定家庭不美满，学霸一定都是书呆子，长得好看的肯定整过容。可是，别人的好或不好，又与自己有什么关系呢？

小宁有次出门，楼下有三个清洁阿姨站在门口嚼舌根，她听到一个阿姨说："啧啧，你们看看咱这小区里，都是有钱的，那么好的东西说扔就扔、说送人就送人，看人家开的那个车，那个快，也不怕出车祸！"

另一个阿姨又说了："可不是，穷的人连饭都吃不上了，他们这些有钱人养个孩子一会儿给送出国，一会儿给开公司，这世道让人没法活了。哪天老天开眼，让他们都破产了！"

另两个阿姨跟着咬牙切齿，像是有钱人跟她们有不共戴天之仇。

聪明人有聪明人的运气，傻人有傻人的福分。你住你的茅草屋，他住他的玉宇琼楼，各家自扫门前雪，何必总是瞅着人家屋顶会不会被雪压塌，人家门前染了多少雪水泥泞，真是一点意思都没有。

不优秀的人总盼着别人哪天阴沟里翻了船，好像自己是能得几分利一样。可漂亮的人有了个好婚姻，男才女貌、幸福美满；聪明的人得了个好前程，事业步步高升；有背景的人也都凭风而起，扶摇直上九万里。

也许终其一生你也不一定能达到你曾仰望的高度，但要明白每个人都有他的优秀之处，你的身上也有让人望而生羡的闪光点，每个人都是独特的风景。不必羡慕别人，朝着它付出更多的努力，总有一天你也能得到；也无须炫耀你优于别人的，因为别人有一天也会得到。

出生于加拿大的摇滚流行歌手艾薇儿·拉维尼，有着生气蓬勃的鲜明个性和纯真的魅力，在很多人看来，她的嗓音既有着娜塔丽·波特曼和莉莎洛普的甜美，又有着艾拉妮丝·莫莉塞特和蔻特妮勒芙的狂放不羁。

五岁时，艾薇儿跟随家人迁居到安大略省的Napanee，在当地的一个唱诗班学习唱歌。十二岁时，她自学了吉他。十六岁的时候，艾薇儿被一位经纪人发现开始走进音乐圈，那时候她年纪小，经纪人让她在录音棚录音，她觉得设备差，也曾想过放弃。但当她与音乐公司签约后，独自一人离开加拿大家乡，搬到洛杉矶开始创作专辑，艾薇儿才发现这世界上没有唾手可得的东西，她想要越过沙漠去看绿洲，终究要一步一个脚印踏踏实实地走。从那以后，她认清自己并开始努力，从自己写歌开始，慢慢地走上了摇滚的道路。

如今，红遍全球的艾薇儿已不再是当年那个叛逆的朋克少女，她标志性的烟熏眼妆越化越淡，脸上多了几分小女人的成熟。成功的艾薇儿也告诉我们：

“其实做歌手很不容易，不知道背后哭过多少回，数不胜数，但是每次失败我都当作上帝对我的考验，鞭策着我要努力前进。每次都是一个新的成长和学习，告诉自己要加油。在成长的过程中，我也渐渐明白了人生其实需要脚踏实地，梦想要靠自己的努力才能实现。”

生活中，有些年轻人会对现实产生各种各样的抱怨，并不断奢望生活给予他们更多的回报，其实这样的心态是不切实际的。提升自身的能力才是我们应该做的，只有经过不断的努力和付出，才能够获得更多、更好的机会。

佛教里有一个词是“随喜功德”。别人为善不可嫉妒，虽然事情不是自己的做的，但是也能欢喜称赞，所得功德与真正做这件事情的人是一样的。

不是每个人都能够成为卓越的人站在世界巅峰，总会有些事是你做不到的，所以每个人到达的高度不一样。

羡慕别人的优秀之前先肯定自己吧，相信“我也很好”，相信你会有不一样的精彩。总会有人比你更优秀，但是在这个世界上却仅有一个你。你不需要比谁更优秀，只要自己活得心满意足。

4. 有时候对自己说“差不多”就行了

天生的完美主义者们往往认为，交出不完美的成果就等同于失败。对于遇到的事、得到的工作，总会想尽一切办法把它做到尽善尽美，为此，做了许多超出寻常的努力，却没有收到预期的效果，焦虑开始如影随形。

“总是要做到更好，总是要做得更多！”这似乎成为我们的生活箴言。我们今天的生活，没有哪个方面能够不向理想中的完美发展，因为好运总是降临在“零错误”身上。我们需要一个如花朵般绚烂的人生，拥有和谐的伴侣、幸福的家庭、称心的工作……但是，这种完美主义的代价是沉重的。

周三下午，部门领导交给大周一项制作方案的任务，反复叮嘱他要在周四下班之前完成，否则就会耽误周五即将召开的项目会议。大周接到任务之后，跟领导详细沟通了项目状况，然后开始思考解决思路……

等到周四快要下班的时候，领导还没有收到大周的方案，于是直接过来催问。大周一边敲打着键盘一边认真地说：“领导，时间有些紧张，我昨天弄了一个通宵，直到现在整个方案还是不够满意，能不能再给我一晚时间？我明天早晨保证把方案发到你邮箱。”

领导开始还是气冲冲的，听说大周熬了一宿也不忍心再发火了，而是平静地说：“大周，我之前跟你说过，这个方案并非最终版本，是明天用来讨论和完善的，后期还会根据客户需求继续完善，现在最重要的是明天会议上有东西可以讨论，按照你的能力，只要不刻意糊弄就能达到要求……”

大周一边答应着领导，一边继续埋头工作，一直到第二天凌晨，大周终于把自己认为很满意的方案发给了领导。第二天大周强打着精神来到公司，等到开项目讨论会的时候，他已经是半睡半醒的状态了。

领导看着疲惫的大周，心中叹息一声，将接下来的工作交给其他人来负责了。

凡做事固然要有决心做好，但如果一味地执拗于完美，则必然会走向反面，得到不好的结果。古人推崇“中庸”之道，强调做事只要恰当就好，这是很有道理的。

在工作初期，我们可能习惯于尽量把事情做的漂亮，细节都要研究透彻。但是发展到一定的程度，我们必须换一种思路去看待整体的工作，这就是所谓的“大局观”。对于我们来说，重要的不是追求完美，而是培养一种能力——清醒地认识到哪一部分不需要做到完美的判断力。

卓远刚进入公司的时候，想尽快地追赶上他人的脚步，于是做什么事都尽力做到完美。

一次，部门经理交给他一项策划让他来做，让他两天内上交。他心想，终于有机会可以大展拳脚了，他想了一个又一个的方案，都被自己否定了，到上交策划的前一晚，他还没有写出觉得最满意的，便留在公司加班。

同样留下加班的部门经理看到卓远为了工作而焦虑，走到他跟前对他说：“卓远，你这种工作劲头儿我很欣赏。但工作没有十全十美的，策划也一样，只要尽力做好就好。”说着，看着卓远写到一半的策划说：“这个创意就不错。”

卓远恍然大悟，在后期的工作中，他学会尽力去做，而不是苛求完美。

有一位哲人在日记中写道：“如果再给我一次生命，我不会追求事事完美。”

只有确定了人生重点，才能享受到生活的快乐。因为快乐的人不会把一切都做得尽善尽美的。

我们不是完美无缺的，一味地追求尽善尽美，只会浪费更多的时间。只有学会放下过于追求完美的心态，才能收获意想不到的结果。有些人总是在追求完美，很难知足，渴望毫无瑕疵的生活。但可能浪费太多时间和力气去梦想完美，结果却没有时间去做好任何事情。

不完美是人生的一部分，懂得了这一点，我们就能尽享人间的风光。所以，必须适当放弃完美，不苛求完美，不给自己太多的压力。

5. 不忙未必就做不好工作

“最近比较烦，比较烦，比较烦，我看那前方怎么也看不到岸，那个后面还有一班天才追赶……”这首传唱一时的流行歌可谓是现代都市人活脱脱的写照。

在快节奏的都市生活中，“人生匆忙症”正困扰着越来越多的白领一族：成天忙忙碌碌却感觉没有什么收获，越忙越迷茫，越忙越烦躁……

在广州一家公司任业务部经理的赵爽，工作几年来，她的职位不断升迁，工资待遇也一路水涨船高。

但是近一年来，她感到自己越来越“不对劲”：开会时，若哪个下属迟到几秒钟，她会忍不住大发雷霆；向老板提交的工作计划若不能马上得到答复，她也会狂躁不安，做什么都静不下心来；到超市买东西，因为收银机故障，需要多等 2 分钟，她恶狠狠地将东西扔到地上就走了；开车上班，明明时间还很充裕，却不由自主地一路加速，终因闯红灯而被罚款；每天都要走过的一段路，竟觉得十分陌生，全然注意不到路上变换的风景……

让赵爽感到惶恐的是，自己每天总有忙不完的事，可是匆匆忙忙地折腾一天后，却发现没什么收获，心情却变得越来越糟糕。

与赵爽同为公司白领的网友“海角一号”更是将自己的生活喻为停不下来的陀螺，在其博客中他记下了自己的心路历程：“面对激烈的竞争，我把全部精力都放到了工作上，每天工作十多个小时，周六、周日经常加班。我的手机 24 小时开机，以方便老板随叫随到，好解决工作上的问题。我不敢有半点懈怠，包里随时放着充电宝，以防手机没电；还有一台手提电脑，随时准备工作。我最害怕的事情就是手机响，因为那意味着我的工作又有麻烦了。就这样，我的神经绷得紧紧的，总是处在一级战备状态。”

都市白领或者上班族们每天被大量的工作包围着，内心无所归依，时间一长，这种匆忙的状态被认为是一种心灵的彼岸，可以让自己无助的心靠岸，找到一种安全感。好像只有自己在忙着，心里才会充实，自己的前程就是光明的，“钱途”就是锃亮的，“钱景”就是美好的；否则，就是孤独的，倒霉的，不走运的。

但忙碌不过是假象，工作要的是结果，忙乱的过程却不一定带来好的结果。

著名的心理治疗专家山德尔博士，曾用简单的方法治愈了一位患者。

这位患者是芝加哥一家大公司的高级主管，他初次到山德尔的诊所去的时候，非常紧张不安，面临精神崩溃的危险。就诊之前，他的办公室有三张大写字台，他把全部时间都投入工作里，可事情似乎永远干不完。当他与山德尔谈过以后，回到办公室的第一件事就是清理出一大车的报表和旧文件，只留下一张写字台，事情一到就马上办完。于是，再也没有堆积如山的公事威胁他，他的工作渐渐有了起色，身体也恢复了健康。

前美国最高法院的大法官查尔斯·伊文斯·休斯说：“人不会死于工作过度，却会死于浪费和忧虑。”

你是否也曾有过这种感觉：当你回顾自己的一周时感到消沉，因为你未能完成自身所期望的工作。当你在打造一个成功的职业生涯或事业时，时间或许是你最宝贵的财富，如何支配你的时间直接决定了你的收入。

在很多人的意识中，“忙，就意味着工作出色”。其实这一直是人们思维的一个误区。事情越多，我们越需要理出头绪，要学会忙里偷闲，让自己从容淡定，而不是焦头烂额地完成工作。

当你因为工作焦虑不安时，不妨试试以下的方法。

1. 在工作中适当休息。每过 30 ~ 45 分钟离开你的办公桌、停止你正在进行的工作、转移自己的注意力，去一趟卫生间，冲一杯咖啡。

2. 午饭后散个步或许只有短暂的 10 分钟，也会让你整个下午的精力充沛许多。

3. 天天列计划。每天列出 5 ~ 7 个目标，将其中的 3 项作为你的重要目标。

4. 慢点回应别人的“紧急”请求。当别人要你帮助他们完成一项任务，或者是他们有一些紧急的需求需要你帮助的时候，你要学会说“你最晚需要在什么时候完成这些事情？”或者说“你什么时候需要完成这些事情？”然后再安排当天的行程。

5. 利用微休息，彻底放空。当你在压力之下喘不过气时，最好的应对办法就是停下来，在之后的两分钟内什么也不干。你可以利用这两分钟时间举目远眺，舒缓疲惫的双眼，彻底放空自己。

6. 一天工作结束后如果你还陷在一种焦虑的情绪下，你就应该去看看那些毛茸茸的小萌宠们！这些小毛球们可以帮助你提高效率、集中精神，有效改善你的情绪。

我们总是很羡慕那些能高质量、高效率完成工作的人。其实，他们也是凡人，和我们的不同之处在于，他们更会安排时间，更懂得从忙碌中抽离，给自己充满电，以保证有满满的能量去接受更多的挑战。

6. 享受生活不一定非要等到退休后

生活中，我们经常可以听到这样的话："把钱省下来，等退休后再去享受。""以后我就可以享福了。""以后我就能做自己喜欢的事了。"结果，年老后因年纪大、身体差、行动不方便等原因，哪里也去不成。

活着的每一天都是在生活，享受生活何必要等以后。

"今天对我来说是最美好的一天，今天我明白，对于生命，我没有太多苛求。毕竟，能够拥有我可爱的孩子、可爱的孙子们、可爱的朋友们，或许还有一些我不认识的朋友，大家都聚在这里。问题是，这一切难道只是为了庆祝我活到 80 岁才行成年礼？我应该一直忙于赚钱，努力工作，再工作，却忘了我所爱的这一切，还是应该好好享受人生，体验人生中最平凡的美好？这答案，看似简单，却也很困难。去享受吧！享受人生中最平凡的美好！享受人生！活在当下！别等到变成像我这样一个糟老头，一晃就走到了人生的尾声……"

这是电影 *To Life* 中老人伊斯多罗在生命即将走到尽头时说出的一段话。

这部影片描写了老人与女儿之间的矛盾，两个人之所以有隔阂，是因为女儿与母亲一直在墨西哥生活，而父亲则居住在智利。女儿以为父亲不爱自己，其实父亲深深地爱着女儿。这个状况在影片中一直没有彻底地改变，即便在影片后段两人的关系缓和很多。但二人心结依然存在，尤其是女儿一方。

这种心结如果不能及时解开，对父亲有限的生命而言是绝大的遗憾；而对于女儿，也同样是一生也不能弥补的缺失。成年礼对父亲是某种生活的念想，当仪式完成时，生命如释重负。女儿却在父亲逝世之后，才真正了解父亲对自己几十年来从未改变的爱。虽然这种感觉有些许凄凉，但逝者已逝、生者节哀之余，更应该秉承着逝者的信念更好地生存下去，享受生活。

虽然影片结局父亲的离去让习惯了大团圆结局的我们有点遗憾，但它却是一个最有韵味的结尾，残缺的人生才是最美的，失去了才懂得珍惜，生活的道理即使被说过千遍万遍，我们也许都会视若无睹，直到亲历才懂得道理的珍贵。生活不是要我们追悔，贫与富不是幸福的绝对标准，知识的差距亦不影响生活的水准，幸福的生活可以处处开花，这取决于我们自己的心态。勇敢地面对，积极地准备，一味地追忆后悔不是解决之法。当理想渐渐离我们远去，朋友，是否该考虑是我们自己出了问题？生活没有出错，它还是按它的规律运转着，在理想面前，低下头的不是生活，是我们。

享受人生，活在当下。

也许说比做容易，但我们起码要努力为之。

当我们把希望寄托于明天的时候，更要着眼于现在。活在当下是一种全身心投入人生的生活方式，人应该懂得放下，放下过去的烦恼，舍弃未来的忧思，把所有的精力都用在眼前的这一刻。只有过好眼前的生活，才不会有对未来的忧虑。

人的一生看似漫长但实则短暂，在短暂的生命过程中，总会有很多的幸福与悲伤，快乐与哀愁。过去已经成为昨日的烟云，未来还停留在明日的期望中，只有当下才是我们可以把握的幸福。所以我们应当珍惜当下、活在当下、幸福在当下、享受在当下。

享受在当下不是一种颓废而是一种体会到生命真谛后的洒脱，享受在当下的人懂得肯定当下的自己，也不会为了昨日而困苦，也不会为了明日而神伤，他们不断地努力在当下，相信自己会成为自己的救世主。因而他们更懂得珍惜当下的美好，珍惜自己的拥有，让自己充实快乐地过好每一天。

与其他门户网站大佬相比，张朝阳绝对是最活跃的一个。你很少能看到哪个中国的CEO会光着上身出现在杂志的封面上，也很少看到哪个CEO会在天安门广场上溜旱冰。当然，出现在珠峰上的CEO更是寥寥无几。天底下，相信自己能活到150岁的人，除了他绝对找不出第二个，只因为他坚信自己已经掌握了快乐的秘诀。如今，他又买了一艘中国最大的私人游艇，名叫“快乐号”，这名字似乎承载了主人的一种寄托——在茫茫的人生大海上，还有什么能比快乐更重要呢？

张朝阳光着脚踩在白色的甲板上，面前是一根足有三米长的鱼杆。他的表情很专注，似乎钓不到鱼就没有今天的午餐。这艘船散发着木头的香味。它刚刚从英国普尔Sunseeker的船厂里下线，然后用了一个半月的时间驶到了这里。这艘长达22米的游艇完全是由手工打造的，其豪华程度让人惊讶。红酒柜、雪茄盒、卡拉OK音响设备、小型舞池一应俱全，它们都是按照张朝阳的需要专门定做的。厨房也是大手笔，所有餐具都来自英国，因为张朝阳喜欢美式早餐，所以橱柜上还摆着面包炉、咖啡机和磨豆机。

张朝阳拒绝透露这艘游艇花了他多少钱，但他又不无得意地形容它为“在海上移动的豪宅”。他毫不掩饰对“Sunseeker”这个名字的喜爱。“寻找太阳的人，难道不就是我的名字吗？”当他的2200多名员工还在努力重新树立华尔街投资者的信心时，他却驾着船到距离岸边300海里的东海海面上，叼着雪茄，晒着太阳，享受生活。对此，张朝阳说：“虚荣一直是人类无法克服的东西，这是动物的本能，你无法回避它。我承认我这里有炫耀成分，但更重要的是，我可以凭着它获得一种更好的生活方式。它能让我感到被肯定、被接受。”

几年前，张朝阳参加了一期《鲁豫有约》。在访谈中，张朝阳明确表示自己享受生活，是为了让自己能够活到150岁。现在的张朝阳，坚持吃素、运动和玩乐，并力争活到 150 岁。“我就是以出世的态度来入世，就跟打高尔夫球一样，没有精神负担，就是好玩。长期以来，都有人说我肤浅、作秀，我就是觉得好玩，这是我的活法，我现在就是做一天和尚撞一天钟。”

享受生活，并不是指享受她风花雪月的轻松，也不是指享受她诗来歌往的唱和，有时，我们会像一棵耸立在峰顶的松树，经受那漫长冬季里风摇冰压的磨砺。如果在这样的岁月里，你还能用自己的断枝作笔，在大自然的扉页上写下充满激情和灵感的生命之诗，那么，你便已悟透了生活真谛，你便已成为一个生活真正的享受者。

生活，不必等到退休时再去享受。亲爱的朋友们，请珍惜现在，好好享受身边的美好。再华丽精美的东西，只有得到机会去体会和享用，才是最完美的。对自己宠爱一点吧，不要把它们留到将来，不要就这样与它们擦肩而过。

不要再等待有一天你“可以松口气”或是“麻烦都过去了”。生命中大部分的美好事物都是短暂易逝的，享受它们，不要辜负了青春。

7. 让灵魂跟上你的脚步

人生是一个奇怪的过程，人追求得越凶猛，失去得越多。人要有追求，但不能盲目地追求，还要学会享受。人生苦短，我们不能让追求湮没了原本属于我们的快乐。

有一位华人在美国奋斗了很多年，经过艰苦的打拼，他终于用自己的血汗钱买了一幢豪宅，可他没有时间打理，就雇了一名用人替他打理，而他仍旧每天早出晚归拼命工作赚钱，用人住在他的豪宅里，每天享受着美食，在花园里散步，在他的健身房里锻炼，在他的游泳池里游泳，他在拼命赚钱，而用人却在替他享受劳动成果。

有人一生都忙忙碌碌，到头来却不知道自己要什么。这样的人生是悲哀的，所谓的名利、金钱，到头来不过是一场空。人来到这个世界上，手是握着的，因为他想抓住这个世界；而死去时，手却是松开的，什么都没带走，什么也带不走。

世间，多数人是悄悄地来，然后默默地走，随着时间的流逝，逐渐被人们遗忘。于是很多人毕生都在奋斗，努力证明生命的不凡。有人选择了用事业上的成功来证实，有人用不断争取来的权势来证实，有人用巨额财产来证实，有人用满腹的才华来证实。

其实，人生的幸福是由各种各样看得见的东西构成的。我们每天忙着追求各种看得见的东西，忙着购买各种看得见的物品，辛苦堆砌成我们认为的幸福，结果大部分时候，我们得到的只是一个自己构建起来的现实世界。而这个现实世界里满是疲惫、烦恼，甚至是绝望，完全没有拥有胜利的快感和激情。

于是我们困惑了：难道这一切就是我们苦苦追求想要得到的结果吗？

当付迪第一次来到北京的时候，她站在人群之中，看着人们匆匆地行走、匆匆地转身、匆匆地离去，立刻感觉到了大城市的快节奏生活。

当天晚上，她便疑惑地问杨琪："为什么北京的生活节奏这么快？"

杨琪笑了笑说："因为要赶时间啊！走快一点不就节约一点时间嘛，走得快的话能节约 5 分钟，至少也能节约 3 分钟呢。"

付迪笑了笑又问道杨琪："那你平时也这么匆忙吗？"

杨琪说："是啊，已经习惯了。"

付迪接着问："那如果你节约了 5 分钟，这 5 分钟又能做什么呢？"

杨琪仔细想了想，犹豫地说道："好像什么也做不了……"

每个人都有决定自己生活的权利，何必让自己那么累。放慢脚步，尽情地呼吸，尽情地欢笑，让生活中多一些温馨，少一份遗憾。有人说，旅途是繁忙的，必须抓紧时间赶路；有人说，旅途是悠闲的，应该缓缓而行；还有人说，旅途的终点是归宿，何来紧迫与悠闲。

苏格拉底曾与人相约去爬山。那人一路赶来，气喘吁吁。姗姗来迟的苏格拉底便问："你来的路旁有什么？""我不清楚，我只顾向前。"那人沮丧极了。于是，苏格拉底便拍拍身上的尘埃，娓娓而谈道："真是太遗憾了，我已经欣赏完了沿途风光。"匆匆的脚步，会让你忽略更多，何不放慢脚步去享受生活呢？

美国的探险考察团，到原始森林里去考察，请了当地的土著人做向导，他非常熟悉原始森林的情况，很会付出，尽管这个土著人和考察团的语言不通，但前两天的工作进展非常顺利，他们都说，我们请的这个向导太好了，到了第三天，这个土著人坐在一个树桩上，不走了。

他们非常的奇怪，问他怎么不走了，是为了让我们加钱吗？于是他们把钱一摞摞地堆到了他的面前，他摇摇了头，不走。软的不行，来硬的，拿枪指着他，走不走？土著人还是摇摇头，不走。他们只好找翻译用方言问他，他说："在我们的部落里有个习俗，这两天我的身体跑得太快了，所以我要坐在这里，等待我的灵魂赶上来。"

现代社会的人往往都有这样的心理趋势：认为"快的总是好的"。行走就是要加快步伐、吃饭要加快速度、恋爱要加快进度、成功也想一步登天、一蹴而就。然而，生活中还有更多美好的事物等我们放慢脚步去享受。

席慕容曾经说过："现在我们能够做的，是找一个安静的地方，让自己静静的思考，明白该如何做，才能够不让珍贵的东西、重要的人再次失去；明白该如何做，同样的错误不会再次发生。从中汲取经验，汲取力量，继续坚定的前行，寻找喜欢的东西，碰到真爱的人，去做正确的事。"

放慢生活的脚步，充实自己的灵魂，让灵魂指引脚步，让追求不再只是为了满足，让忙碌不再只是为了生计，让身体与灵魂结为一体，这样人生才会觉得充实。

第十一章

浮躁的世界，寻找不被打扰的内心清静

1. 尝试过过极简生活

生活中，你是不是也有过这样的烦恼:商场里看到打折的衣服，总会爱不释手，买回后却发现，衣橱中原来还有很多件同样的从未穿过;超市中遇见不错的食品，买回一大堆，打开冰箱才想起上次买的都没吃，只好扔掉旧的吃新鲜的;网购挑到精致的商品，轻点鼠标加入购物车，快递送到时却又感觉并不需要了。

于是，家里各个角落开始堆满不同的杂物，可能是多年前积攒下来的，也可能是某次买到的无用的昂贵物品，虽百年难得一用，却终究舍不得扔掉。于是，每次收拾家务要花上半天的时间，家里的空间越来越小，心情也越来越糟。

最近几年来，很多一线城市开始流行这样一种生活方式——“极简生活”。

顾名思义，极简生活的含义就是删繁就简，少些生活中无益的事，腾出时间精力留给更有意义的事。

这似乎与我们的习惯相悖:因为我们习惯了做加法，总认为多存点东西是好的，以备不时之需。穿衣吃饭繁复些是必须的，口腹之欲要追求精致华丽。大量信息应接不暇也习以为常，总不能被时代落下脚步……

但当生活的庞杂越来越让我们不堪重负时，我们才发现，极简才是生活的理想追求——多做减法，过滤掉生活的杂质，心灵才能在简单中摆脱世俗的牵绊，得到真正的轻松愉悦。

美国广播公司（ABC）曾报道过一则有趣的事情，住在加州戴维斯市的斯特罗贝尔夫妇拥有一套带两间卧室的公寓和两部汽车，但他们却并未感到多么愉快。在他们看来，自己已经陷入一种挣多少、花多少的怪圈中难以自拔。

于是有一天，他们下决心尝试另一种生活方式，参加极简生活，原本“堆积如山”的毛衣、图书、锅碗瓢盆最后只剩下 4 个盘子、两口锅和 3 双鞋。他们没有再买汽车，出门靠步行或者骑自行车，生活水平看似在下降，但两口子生活却越来越有滋味，在大幅度减少日常生活所需物品的同时，他们也逐渐还清了 3 万美元的债务。

高速发展的现代生活提供给人们足够丰富的选择空间，然而，物欲横流的表面华丽背后，很少有人愿意停下来去冷静思考自己真正需要什么。有些事情可能费时间、花钱，占用你的精力，给你带来压力，但它们的益处却极其有限，甚至根本没有好处。

其实，繁复杂乱的生活，我们可以将它变得简单。试试断舍离吧。这个一度在网络上颇为火爆的生活方式，其实就是极简生活的很好落实。断，即断绝那些我们不需要的东西；舍，即舍弃多余的废物；离，即脱离对物品的执念，把耗费生命力的冗余之物排除在外，让自己处于游刃有余的自如空间。

减少对物质和精神享受的过度追求，砍掉生活中无用的羁绊，腾出时间去体会生活中的美好，反而会变得更从容淡定。比如，带上家人锻炼身体，去爬山远行，感受自然，生活简单一些，都会让我们感受到由心而生的轻松和愉悦。

“多则惑，少则明，简约而不简单”，这句广告词恰似是对人们简单生活的最好的诠释。

著名社交网站facebook的创始人马克·扎克伯格是全球最年轻的亿万富翁，同时也是最积极从事慈善事业的美国富豪之一，他虽然是一位“80后”，但他的个人财富，超过华人首富李嘉诚，在全球顶级亿万富豪榜 20 强中，他年纪最小。

马克·扎克伯格，自2004年创业至今带领着facebook，一路高歌，目前facebook市值超过2300亿美元，他的个人财富也达到了334亿美元，但令人诧异的是，这样一个亿万富翁的座驾竟然是一辆1.6万美元的本田飞度，价值不到人民币10万元。

不爱豪车，衣着朴素！扎克伯格平时出行非常低调，没有保镖也没有随从，也没绯闻和混乱的私生活，对于一位身价334亿美元的“80后”年轻人来说，真的很难得！

除了没有豪宅豪车，想必了解过扎克伯格的人都知道，他平时总喜欢穿同一件衣服，就是那件灰色短袖T恤，那件T恤跟随他出席过很多重要的场合。

扎克伯格解释说：“我买了很多件一模一样的灰色短袖T，我想让我的生活尽可能变得简单，不用为做决定而费神。因为选择穿什么或者早餐吃什么这些小事都会耗费精力，我不想把精力浪费在这些事上，这样我才能把精力集中在重要的事情上。”

有意思的是，有不少著名的成功人士，他们的日常生活都十分简朴。苹果的创始人乔布斯总是穿着他那代表性的黑色高领衫，配上蓝色的牛仔裤和球鞋。伟大的科学家爱因斯坦日常准备了好几套几乎相同的灰色西服，这样他就不需要把时间浪费在每天考虑穿什么上面。

扎克伯克、乔布斯、爱因斯坦，他们都过着一种很简单的生活。他们是历史上十分成功和有巨大成就的人，他们都有着更加重要的事情去做。

无论如何，我们都尽量让自己的生活变得简单些。例如，少花一点时间在无聊的事情上面。这样，我们会发现不仅压力消失了，而且工作效率提高了，人也更充实了。

人生已经足够复杂，不要让那些小事再来影响我们的情绪、决定我们的幸福。让我们生活的方式简单点，再简单点。

2. 享受独处的美感

“人在江湖，身不由己”，你是否时常会有一种迷失自己的感觉？现代社会中，越来越多的人热衷于灯红酒绿、风花雪月，我们把大把的时间放在了这些人际交往上面。这也无可厚非，社交是工作生活的必需，在交往中，我们和朋友彼此了解，加深印象，获得情感上的共鸣。繁忙的社交成了现代社会的常态。但与此同时，也有一种简单的幸福被偷走了：独处时的片刻美好。

虽然每个人都有不同的性格和生活方式。但是，对我们来说，独处都是人生中的美好时刻和美好体验，虽有些寂寞，寂寞中却又有一种充实。

作家周国平说，独处是一种能力，并且在一定意义上比交往更为重要。如果说不擅交际是一种性格弱点，那么，不耐孤独就是一种灵魂的缺陷了。

31 岁的李小萍是一名图书编辑，她的朋友圈子很大，可一闲下来，自己待着，她就感到特别的孤独，为此她抱怨颇多：“有一次心里感觉特别孤独无助，就想找个人倾诉，倒倒苦水，但把手机通讯录翻了个遍，却不知道该找谁聊！找这个朋友吧，隔行如隔山，实在没心情去解释工作上的来龙去脉；找那个朋友吧，人家太忙，整天都在飞机上，上厕所都要挤时间，不好意思麻烦人家；找同行吧，虽然大家情况都了解，但工作还在明枪暗箭的竞争，怕人家笑话；找作者吧，和人家都是合作关系，下了班谁也没有义务听你抱怨；找父母吧，说多了又怕老人家太过担心……明明就待在大海边，还要眼睁睁看着自己渴死，这就是孤独。”李小萍的话里满是无奈。

不会享受孤独的人总会想方设法去排解独处带来的寂寞。有人试图钻进热闹的人际交往里，企图凭借朋友的陪伴，排解心灵的孤独，这没错，但无论有多少人左拥右伴、前呼后拥，曲终人散时郁积于内心的是更深的落寞与孤独。甚至在聚会的热闹氛围中，你仍可能感到深深的孤独。

学会独处的人虽然有时也会有些寂寞，但他能够自得其乐。这种寂寞是一种充实满足的感觉，它是一种美丽的心境，如行云流水、无拘无束，是对人生中美好时刻和美好生活的体验，能带给我们一份安闲自如的状态和一份波澜不惊的向往。

朱自清在《荷塘月色》里写道："我爱热闹，也爱冷静；爱群居，也爱独处。"生活中有些时候，我们并不需要热闹繁华、激情四射，享受独处能给我们带来另外一种美好。

从1945年7月到1947年9月，美国赫赫有名的作家梭罗独自一人在瓦尔登湖居住了两年零两个月，他在湖边的树林中搭建了一个简陋的小木屋，屋内陈设非常简单，只有一张床、一张桌子、两把椅子和一个壁炉，没有一点装饰，也没有一件多余的东西。

梭罗为了过上这种独处的简单生活，他主动远离人群，在湖边过着独居的生活，梭罗生活上都自力更生，自己砍树建造了木屋，自己捕鱼，还猎取土拨鼠、兔子和鹧鸪，自己动手种粮食，在劳作之余，他有充足的时间享受大自然的美好，他时常到山林中认识各种各样的树，在湖边观察各种花鸟虫鱼。他在四季的交替中感受到了上苍带来的种种惊喜。

当夜幕降临的时候，梭罗便独自待在自己的小木屋里，坐在壁炉前静静地阅读、思考或者写作。梭罗从未觉得这种无人相伴的生活有多么孤独寂寞，相反，他十分享受这段独居的生活，他说："我喜欢独处，我从未遇到比孤独更好的伴侣。”

这难道不是独处的最大乐趣吗？在孤独中放飞灵魂，让它在大自然中自由自在地畅游，就这样一个人过着多么简单、诗意的生活，而他给世人留下的则是关于瓦尔登湖无尽的想象和向往！

只有独处，才能体会到生命的美丽，坦然面对人生的挑战。在独处的时候，即使没有高朋满座，即使无人为你喝彩，也能让你更加真切地感受到生命的深度，品味精神的韧性。尼采在孤独中感到：“人即便是在人群中漫步，实际上也是走在新的荒野上；人哪怕是和他人同桌吃饭，实际上他们之间也隔着一道厚厚的墙壁。”

周国平说：“我天性不宜交际。在多数场合，我不是觉得对方乏味，就是害怕对方觉得我乏味。可是我既不愿忍受对方的乏味，也不愿费劲使自己显得有趣，那都太累了。我独处时最轻松，因为我不觉得自己乏味，即使乏味，也自己承受，不累及他人，无须感到不安。”

“一个人，看着一朵花儿慢慢地开放，是自己一生最大的幸福。”诗人济慈说。独自一人看着花朵绽放，聆听花开的声音，细细品味心底那份淡淡的孤寂，心灵被洗涤，孤独的人沉醉了，沉醉在这绝妙的意境里，这是人一生中最幸福的时光。

其实，人的一生中有不少时光都是处于独处状态的，或静或动。它是一种情感体验、一种平和的心态、一种风景，更是一种逍遥自在的幸福。

屋子不大，只一张床、一盏灯、一本书。品杯中香茗，在清幽的茶香中慵懒地翻阅一本自己喜爱的书；或聆听一曲淡雅的小曲，静静地靠在床上，放空自己。寂静的顾影自怜中，卸掉生活给我们带上的厚厚的面具，默默地享受文化、音乐带给我们心灵的愉悦，返璞归真……

3. 懂得感激每一次喜悦

当冬日的阳光撒到你身上时，你感受到温暖了吗？当你尝试了十次之后终于成功的那一刻，你感受到喜悦了吗？当你吃着寻常的饭菜，和自己的小伙伴一起说笑时，你感受到淡淡的幸福了吗？为这温暖、这喜悦、这幸福，我们应该感谢自然，感谢失败，感谢生活。

历史学家维尔·杜兰特希望在知识中寻找快乐，却只找到幻灭。他在旅行中寻找快乐，却只找到疲倦。他在财富中寻找快乐，却只找到心烦意乱。他在写作中寻找快乐，却只找到身心疲惫。有一天，他看见一个女人坐在车里等人，怀里抱着一个熟睡的婴儿。一个男人从火车上走下来，走到那对母子身边，温柔地轻吻女人和她怀中的婴儿，小心翼翼地。这一家人开车走了，留下杜兰特望着他们离去的方向。他猛然惊觉，原来日常生活的一点一滴中都蕴藏快乐。生活中快乐到处都有。对于我们来说，缺少的不是快乐，而是感受。

倩妮大学毕业后进入中学当老师，但是现实却没有她想象的那么美好。繁重的工作、复杂的学生问题都让她心力憔悴，甚至有一次在课堂上她被调皮的孩子气哭，这让她有些怀疑自己当初的选择是不是正确。

直到有一天早晨上班的路上，一个学生跑过来和她说："老师早上好！"看着学生稚嫩的脸庞，她心里一暖。后来她在摸索中开始了转变，变成了学生们的知心大姐姐，努力让学生们感受到她的信任和爱。教学上她因材施教，对学生也变的宽容，功课不好的学生她都会专门辅导，所以学生们和她越来越亲近，甚至有的同学经常粘着她。

就这样几年过去了，现在她走在校园里，教过的学生总是会有礼貌地问一声：“老师好！”这时她的幸福感油然而生。特别是往届的学生在校园中遇到她，都会有一种出乎意料的欣喜。必须主动跑到她跟前打个招呼，然后才高兴地走开。

这次她们校区举行数棋比赛，有不少往届的学生参加比赛。同学们看见了她，都争着跟她打招呼，跑过来拥抱她。

她很感激和孩子们之间这些点点滴滴的小快乐，为此，她抽时间记下了她与孩子们之间的小故事，她与孩子们之间的点点滴滴。

知足是快乐的重要条件。比如，某一天你发现自己身上长了个瘤，心里忐忑地找医师检查。一个礼拜后，当听到良性瘤的诊断结果时，你会感到这一天是你人生中最快乐的一天。事实上，这一天和你怀疑身上有瘤的那天一样，生理上的健康情形并没有改变，如今你却快乐得不得了，为什么？因为今天你并没有期望自己会很健康。

所有快乐的人都心怀感激，不知感激的人不会快乐，而期望越多，欲望越多，感激就越少。在期望获得满足的一刹那，我们必须想到那绝不是必然的，我们有一切衣食器具与避风避寒的房子，天下各种动物、植物、矿物的生存，提供给我们维持生命和赏心悦目的资源。

每个人都有机会得到一个拥抱、一个亲吻，或者只是一个在大门口的停车位。生活中到处都有小小的喜悦，也许只是一杯冰茶、一碗热汤，或是一轮美丽的落日。更大一点的乐趣也不是没有，生而自由的喜悦就够我们感激一生的了。这点点滴滴都值得我们去细细品味、去咀嚼。也许就是这些小小的快乐，让我们的生命更可亲，更值得眷恋。

很多事物都暗含美感，都会给你带来赏心悦目的欢欣和喜悦，只需要我们用心去感知，用情去体会，想一想，此刻的我们，能快快乐乐地活着该感谢的有谁？让我们一起来想。天存在，才有我们；地存在，才有我们；亲人存在，才有我们；生命存在，才有我们。

山河大地孕育了许多资源给我们，我们更该感恩了，若没有水，没有食物，我们还能活吗？

父母的养育之恩更该感恩，没有父母，哪有今日的我们，可能只是一次生病，我们就早早夭折了。老师、朋友的存在也该感恩，没有他们一路陪伴着我们，我们早就被途中的挫折打败了。

原来我们得感恩的有这么多，抱怨的心是不是就变淡了？当生活充满感恩，就不会再有抱怨。抱怨的心是无法成就任何事的，唯有感激才行。若我们吝于付出，无法感恩，心中就会没有爱，没有爱我们就无法把握当下。我们常常抱怨生活不美丽，原来不美丽的生活是自找的，只有懂得对生命感恩，才会自然生出美丽的生活。

心怀感激，只有这样生活才会真正快乐起来。

4. 此时此刻，即是最好的时光

很多人都愿意回顾过去，总是感慨自己浪费了多少好时光，却没有意识到，在这种感慨中，好时光又悄悄溜走了很多。所以对未来而言，现在的你一定是最好的你。

我们不需要总是回望过去，除非是为了总结人生经验，否则没必要过多地回头。不要总是在过去的痛苦里再折磨自己一次；也不要总是期待明天，用美好的未来去麻醉自己；更不要浑浑噩噩度日，白白浪费大好的青春。我们要享受当下，脚踏实地，过好每一个今天，就是过好了一辈子。

有一位老禅师觉得他离开这个世界的那一天到了，于是，他宣布当晚他就会走了。他的众多弟子、友人纷纷来到他的住所。

他的大徒弟听到师父即将圆寂的消息，马上跑去市场，有人问他："师父就快过世了，你为什么还往市场去？"大弟子回答："师父特别爱吃一种蛋糕，我要买这种蛋糕给师父吃。"

大徒弟费了好多功夫跑了好多地方，终于在傍晚前买到了蛋糕，他赶紧回去见师父。

大家都有点担心，看起来师父好像在等着什么，他一会儿便张开眼睛看看，然后又闭上眼，当这位大徒弟赶到的时候，他说："你终于来了，蛋糕呢？"徒弟赶忙奉上蛋糕，他很开心，师父临终终于吃到了这个蛋糕。

死亡逐渐降临，师父将蛋糕拿在手上……但他的手出奇的稳。他年纪很大了，手却不会抖。有个人问道："你年纪这么大了，随时都有可能离世，但你的手为什么还这样稳？"

这位师父说："我从未因为死亡而颤抖和恐惧，我的身体已经老了，但我的心还依然年轻，就算身体走了，又有什么关系呢。"

接着他品尝起了蛋糕，吃得津津有味。某个徒弟问他："师父，您快要离开我们了，有什么话要告诉我们吗？您有没有特别要我们记住的事？"

师父脸上泛起微笑，他说："啊，这蛋糕真好吃！"

美国著名的医学家奥斯勒教授享年 98 岁，他的长寿秘诀是："经常说'今天最好'。"活在当下，今天最好，不管是多大年纪，都应该抓住现在，拥抱今天，然后珍惜生活的赐予，享受一切，包括苦难与挫折。

在我们的人生中，在那些孤独难熬的时光里，要学会爱，不光要爱家庭、爱别人，还要学会爱自己，投资自己，经营自己。记住，只有拥有现在、享受当下，才会拥有美好的未来，拥有实力的未来，才会在未来成为更好的自己。

老冯是一家医院的大夫，他的妻子在他退休后不久便去世了，这使老冯非常悲伤。由于退休了，他没有了工作时候的充实，加上老伴的离世，孤独悲伤几乎成了老冯生活的全部内容。很少有人会来拜访他，也没有人给他打电话，人们似乎已经忘记了他的存在。60 岁的老冯现在看起来像七八十岁的老人一样。

老冯的女儿为此非常担心。她记得以前母亲在世的时候，父亲的性情总是很开朗，精气神特别好，可现在……还有什么东西能够让父亲好起来呢？

又一个周末，女儿提着一个礼品盒出现在了父亲的面前。

那是什么？"老冯好奇地问道，"今天又不是我的生日。"

"这是我给你的礼物！"女儿说，"你老是吃榨菜，我担心你会缺乏营养。"

老冯连忙打开了礼品盒："是一本烹饪书？"

"是的"，女儿说，"这是给初学者用的。"

女儿一走，老冯就将这本烹饪书从头到尾翻了一遍，然后认真地开始研究起来。他去超市买来了许多食材。第一次试验是做他最爱吃的糖醋鱼。根据书上的介绍，他依葫芦画瓢地做了一遍。没想到糖醋鱼相当成功，他觉得自己从来没有吃过这么好吃的鱼，更重要的是，这是他自己做出来的！从此，烹饪成了老冯生活中最大的乐趣。

不久之后，老冯已不再满足于自娱自乐地烹饪了。他对自己的烹饪水平也十分自信，觉得自己完全可以在众人面前露一手。

于是，老冯开始邀请邻居和朋友到自己家里来吃饭。无论是小炒还是煎、炸、蒸、煮，他样样精通，赢得了大家的交口称赞。老冯也经常到邻居和朋友家里做客，他又结识了不少志同道合的新朋友，他的客人也越来越多了。这让老冯兴趣大增，他买来了一本又一本的烹饪书，每天晚上都能为客人做出新花样。

烹饪重新"烹饪"了老冯的生活，让他从悲伤的心情里走了出来。自己拾掇一桌子菜，和三五好友小酌一番，聊聊烹饪的心得，他觉得这样的生活挺好的。

一寸光阴一寸金，时间容不得浪费，我们好像都知道时间宝贵的道理，可是，我们真的懂得如何享受生活、如何善待生命吗？

曾经有人说过："人来到这个世界上是个偶然，而走向死亡是个必然。"所以，只要我们还能动弹，就应该用心去感悟生命的过程，充分体验它的快乐与美好。

有句谚语说得好："不要让昨天耗费太多的今天。"这句话的意思是说，要活在当下，享受此时此刻的美好。当下是明智者心理的领地；当你学会花更多时间专注当下，个人生活的目的和意义就会更加明白和充分。正如一位智者所说："昨天是历史，明天是神话，今天是我们的礼物，我们最好聪明地使用它。"

5. 一路追逐，别忘记沿途的风景

有一句广告词说得很好 :“人生就像一次旅行，不必在乎目的地，要在乎的是沿途的风景以及看风景的心情！”我们的人生就该活得浪漫、豁达。人生像一段旅程，一路走来，我们无法预知前面遇见的风景，可是前进的脚步却无法止住，时间不允许我们在一个地方过多驻留，我们要不断地学会选择、学会感受、学会欣赏。

现实生活中，我们时常感到生活枯燥乏味的，却不得不苟且地生活着。这是因为我们没有用心去感受生活。不要忽视了日常生活中的点点滴滴，也不要因为工作而忽视了生活，用心去感受人生路上的风景，人生才会精彩。

陈雨感觉自己最近的状态很糟糕，他每天早上睡到 7 点多才起床，洗漱之后就出门上班，晚上又要加班到深夜。这让他感觉什么都来不及，整天除了工作就是工作，从来没有去享受过生活，也缺少和大自然的接触。

不知不觉，他来到这座城市六年了，刚开始他也不太喜欢在这么热闹、繁华、嘈杂的城市里生活，可现在他的心理都已经变得麻木，甚至已经习惯了这样的生活。

他喜欢回忆儿时的家乡，每天睡到自然醒，早上起来有清新的空气，有妈妈煮好的饭，有邻居们说笑的声音，有街上商贩卖水果、卖豆腐、卖青菜的吆喝声……起床吃完早饭后，一家人坐在院子里聊天，看着小狗追赶小鸡满院子跑……

终于，陈雨打算改变一下，他想多呼吸一下早晨的新鲜空气，于是他决定，每天早上6点起床去跑步。在道路上跑着，他看着来来往往的路人，都在为了生活和理想而忙碌奔波。

路上有很多老人牵着小狗也在锻炼身体，他会问：“大爷一起跑一段吧！”然后大爷会高兴地说：“好啊，小伙子，咱们来比比。”

有时候跑到公园里，一大早就能看到工人们在浇花、剪草，他会跑过去说：“大叔，我能试试剪草吗？”然后工人们会很热情地告诉他，怎么用机器把草修剪得整齐好看。

跑到湖边时，他看到大妈们在喂鱼，就停下来休息一下，呼吸着湖边清新的空气，看着可爱的小鱼在水中自由自在地游动，还可以欣赏湖边的风景……

生活中时刻都有美丽的风景，它不一定就在最引人注目的地方，也可能就潜伏在最不引人注目的角落。

用心去感受生活，生活会带给我们很多感悟，有幸福的也有忧伤的，只有用心去感受了，才能更加热爱生活、热爱生命，才能真正地懂得如何用一颗感恩的心面对他人和自己……在感受的过程中我们能看到生活的美好，找到生活的希望，也懂得了生活的本身是平淡的，需要我们付出一定的努力才能得到更多的幸福。

人生旅程的开始，我们不能选择；而终点我们也没办法阻止；过程却是我们可以自在欣赏的。自我们出生那刻起，就开始了漫长的人生路，不管是阳光灿烂还是风雨雷电，都将是旅程中的一部分。时间不停地流逝，只要我们有足够的信心和勇气，就能找到旅途上更多、更美好的风景。

很久之前，苏格拉底和拉克苏相约，要去很遥远的地方游览一座名山，据说，那座山雄伟壮丽，风景如画。

转眼间，许多年过去，他们又相遇了，他们俩都发现那座山太过遥远，远的就算他们走上一辈子，也不可能到达那个令人神往的地方。

拉克苏无奈地说道：“我一刻不停地拼命向那座山奔跑，也不知道跑了多久，结果什么东西都没有看到，太遗憾了！”

而苏格拉底却说：“这一路上不是有很多美妙的风景吗，难道你就没有注意到吗！”

拉克苏一脸尴尬地苦笑：“我当时只是一心想要尽快靠近那座山，哪有心思欣赏什么沿途的风景啊！”

“那就太糟糕了，”苏格拉底说，“当我们追求一个遥远的目标时，切莫忘记，旅途处处有美景啊！”

懂得欣赏沿途的风景，才能发现生活中蕴含的美妙与趣味，才能真正了解生活的意义；才能真正认识你自己、了解你自己。而人生不正是由这么一个个看似平凡而又不平凡的风景组成的吗。

我们在人生的旅途中，要始终保持一份从容淡定，即使身居闹市，内心犹自平和，要学会固守自我于喧嚣之境。在人生或短或长的旅程中，不要总是急于向目标推进，要享受人生路上沿途的风景，享受追逐梦想的过程。欣赏岁月的积淀和时间的幽深，不辜负我们不期而遇的各种美景，一步一步地积累回忆和纪念过去，在没有追悔的期待中完成人生行程，才算不虚此生、不虚此行！

6. 有时候，善忘是一件好事

古人常讲:“天下不如意事，十常居八九”。后来，人们根据这句名言，提出了一种人生态度，既然不如意事十常八九，剩下的一二自然是如意之事了，我们何不常想那一二，善忘那八九呢?

人来世上走这一遭不过数十年，我们一定要让自己快乐和开心地活着。然而生活，并不像我们想象的那样顺利，它总会有困难和坎坷，这些挫折让我们苦恼和烦躁。生活中，大脑就像是一个口袋一样，好的坏的情绪一股脑地往里塞，时间一久，里边东西太多了，就会感觉活得好累、压力好大。

这个时候就要停下来，好好地检查和审视一下自己。将那个口袋放在眼前，毫不犹豫地打开它，然后有选择地清理它。

好的东西，继续留下，不好的，就直接扔了吧，那些让我们烦燥不安的因素就像我们体内产生的致病病菌一样，有害而无益。善于忘记，懂得放弃，是生活中的大智慧。

《列子》里有这样一个有趣的故事：一个住在宋国叫华子的中年人，不知怎么得了健忘症。早上跟他说的事情，晚上就忘了。在路上他常常忘了走路，在家里会忘了坐下。一家人都很担心他，请了好多医生来给他看病，但都没有起色。后来甚至请了算命先生和巫师，也是毫无起色。

鲁国有个读书人听说了这事，就跑去给华子治病。华子的家人愿意拿一半家产作为报答。这个读书人说：“我试试能不能化解他思虑的心。”他试了试华子的反应，觉得还有救，就单独和华子一起待了 7 天。

七天过后，他真的治好了华子的健忘症。但故事还没完，华子的病好了之后，和生病的时候完全成了两个样子。他驱逐妻子、大骂儿子，还拿刀追起那个给他治病的读书人。旁人制服了他，问他：“你为什么要这样？”

华子说：“哎！我得了健忘症那会儿，觉得天地渺渺茫茫似有似无，心里无忧无虑，舒服得不得了。可是如今，我不再健忘了，几十年来的存亡得失、烦恼忧愁就都涌上我的心头。要是以后天天让这样的情绪扰个不休，那人生可是太痛苦了。”

这个夸张的寓言故事告诉了我们这样一个道理：

人这一生，如果事事都要记住的话，那实在是有太多东西了；对于生命中遇到的种种不快，以及他人对你的各种伤害、诋毁，一定善于忘记，才能快乐地生活。

有时候，善于忘记不仅是一件好事，更是一种美德、一种超脱的境界。

佛经里有这样一个小故事，说小和尚和老和尚师徒二人一起下山去化缘，小和尚一路上恭恭敬敬，什么事都以师父马首是瞻。

一次，他们路过河边，正要渡河，来了一个女子也说要过河，老和尚想也没想就背起那女子过了河，女子道谢后离开了。

小和尚心里一直想着，师父作为出家人怎么可以背女子过河呢？但他又不敢问，一直走了 20 多里地，他实在憋不住了，就问师父，我们是出家人，你怎么能背那个女子过河呢？师父淡淡地说，我把她背过河就放下了，可你却背了她 20 里地还没放下。

老和尚的话充满了禅意，仔细想想，其中也蕴含了一种人生哲理。人的这一生就像一次长途跋涉，不停地行走，沿途会遇到各种各样的风景，也会遭遇各种坎坷，如果把走过的路都记在心上，就在无形中给自己增加了负担。

“君看今年树上花，不是去年枝上朵。”流年如掌中细沙，漫步岁月繁华，花还是花，今日之花已不是昨日那朵，但也不用耿耿于怀。人生之事如戏曲，凄凄楚楚是一场，欢欢喜喜是一场，一场接一场，要历尽沧桑，踏遍坎坷，不落幕，不散场。有些记忆终将渐渐模糊，那些关于爱和恨、善和恶、失与得的故事，都将蒙上尘埃，无法计较，也不会再被记起。

有一首白话诗说得好：“春有百花秋有月，夏有凉风冬有雪。若无闲事挂心头，便是人间好时节。”忘却那些曾经的忧伤吧！因为它只会让人颓靡，不要再把它们深藏心底，它们已经毫无意义。必竟，昨日之日不可追，往事已画上了句号，终将如云烟般消散一空。

善于忘却之人是最明智之人，他们胸中有乾坤，他们着眼于未来，而不囿于过去。

因为善于忘却，我们便不会陷于情绪的泥淖中，更不会迷茫地徘徊在情感的边缘。如此，精神便得到了一份放松，心灵便收获了一份安宁。

善忘，有时候是一种人生佳境！学会忘记吧！就像春去秋来，花谢花开，世间万物莫不如是。

7. 学会放松，你需要不紧绷的人生

威廉·詹姆士在他那篇题为《论放松情绪》的文章里说："美国人过度紧张、坐立不安、着急以及紧张痛苦的表情……是种坏习惯，不折不扣的坏习惯。"紧张是一种习惯，放松也是一种习惯，而坏习惯应该去除，好习惯应该养成。

学会放松自己，让自己的情绪得到宣泄，让自己的身心能够合二为一，感受一下轻松自由的气氛，把自己投身于和谐与美好之中，或许我们便能够在这份惬意之中寻找到生命的宁静。

美国前总统布什就是一位很会放松自己的行家里手。他与亚诺·斯瓦辛格是好友，因为他们都喜欢健身，是"同道中人"。他毫不讳言，运动是他的"减压大法"。

爱好一样东西，多是自小培养的。布什在安佛中学时期，喜欢踢英式足球，在耶鲁大学时期则为棒球校队一垒手。到华盛顿入主白宫后，他喜欢沿着波多马克河慢跑；至佛罗里达州岂斯角度假，喜欢钓骨鱼；在白宫或肯尼邦克港老家，则抽空打高尔夫、网球、掷马蹄铁、游泳、打乒乓球或室内排球。

布什到肯尼邦克港度假时，常邀白宫重要幕僚或某些首长前往。他固定在家附近的阿德伦尔角高尔夫球俱乐部打球。打完高尔夫球，布什经常与家人或客人乘快艇到肯尼邦克港外海钓鱼……

不要让那些没完没了的公事让自己头昏脑涨，也不要让压力整日占据我们

的心灵。看看我们周围那些工作者，就知道是什么因素造成他们日益疲劳了。太过匆忙、焦急、忧虑——这些都是使人筋疲力尽的心理因素。因为过度疲劳，不但容易感冒，还让自己的工作成绩日益降低，回家后还带着神经性的头痛。

由此看来，紧张的情绪会影响人的健康，拥有稳定的情绪是一个人事业成功的必要条件，这就是为何人们特别注意培养“情商”的原因。在现实生活中，我们的行为经常是伴随着情绪反应的，有时会感到自己不能够控制情绪，经常表现出冲动、急躁、焦虑和抑郁等现象。碰到这种精神上的疲劳，应该怎么办呢？要放松、放松、再放松！学会在工作中放轻自己。

或许生活中，常常有许多人报怨自己工作忙，根本没有时间去运动，没有时间去改善自己紧张的状态。其实，这大多是思想问题，或者就是你自己根本不适合目前的工作。试想，一个日理万机的总统工作会比你更轻松吗？关键你的思想要先轻松起来。

那么，我们究竟该怎样做，才能够使得自己彻底放松呢？

首先，从控制来自外界压力的方面来说，我们可以让自己的身体得到一定程度的放松。

1. 如果今天要做的事情很多，那就把所有的事情列成清单，并且把事情的轻重缓急按照顺序进行排列。这样，你的思维就会清晰地发现，有些事情不必现在就做，占用你有限的时间。做成一件，划掉一件，能让人产生一种成就感，关键是压力的海浪在渐渐平息。

2. 如果你真的不愿意承受“没完没了”的工作，就要学会主动拒绝。但大多数人都不会拒绝，只会被动接受，这就是压力源源不断地施于你的重要原因，试着告诉上司你所承担的工作情况吧。如果工作时精神总是处于紧绷的状态，闲下来的时间也很难放松。

3. 工作中，有一些完美主义者任何事情都要做到最好，任何事情都想亲力亲为，于是出现不断地重复、修改等情况。但人的精力是有限的，这会让精神产生压力。虽然，追求完美也是一种上进的表现，可是总是重复性工作，压力自然会大。

4. 工作中，有些人总是把“累”“压力大”等挂在嘴边。排解情绪可以适当地宣泄，但也要提防会产生负面作用。倘若不断地抱怨压力大，极可能会带来不良的心理暗示，形成一种思维惯性。有时，即便不是压力很大，也会产生压力大的错觉。所以忍不住的时候，要果断地对压力喊停，忘记压力吧。

从控制自己不断滋生的不良情绪来说，下面来看几招如何控制自我情绪，舒缓精神压力的好方法。

1. 正确对待自己的情绪，勇于面对现实。

这要求人们接受并正视自己不好的情绪，一定要了解自己的情绪到底处于何种状态，并且要认识到自己产生不良情绪时的一些具体的身体表现等。这个时候能够通过深呼吸、分散注意力等方法使自己平静下来，在心平气和以后再考虑问题是不是真的很严重。相信在平和的心境之下，许多问题都能够迎刃而解。

2. 弄清楚自己不良情绪问题发生的原因。

在这一步中着重找到自己在什么时候、因为什么人或者是什么事情而产生不好的情绪，分析自己主观方面的原因，并且回忆自己曾有哪些不好的情绪以及被不良情绪缠绕的体验与危害性，痛定思痛，才可以在下次碰到这样的情况时从容地面对。只有找到了根源，才可以保证不再第二次犯同样的错误。

3. 学会自我调节，寻求最好解决方法。

既然已经认识到不好的情绪都是能够控制并转换的，如“化悲痛为力量”“自卑的超越”等，那么，就一定要积极主动地寻求有效控制情绪的方法。比如，通过语言跟他人沟通以得到他人的理解，或转移精力使情绪得到缓解。

其实，只要我们学会正确放松身心的方法，就能够从外界和自身的压力中走出来，找到属于自己的那方心灵净土。

8. 静坐冥想让心灵更宁静

在 YOGA 修行里面有一个非常重要的字眼：DHYANA，而冥想这个词就起源于梵文的 DHYANA。古时候，这个词通过达摩祖师传给中国，又由中国传给日本，在日本叫 ZEN。但在西方的语言里找不到 DHYANA 这样的词语，所以也就翻译成 MEDITATION（心灵的药物）。

生活中，有很多人误会复杂的思考就是一种冥想。尽管冥想听起来似乎很玄，但是它实质上却是一种意境艺术。当我们放下一天浮躁的心灵，用身心去感知生命中每一瞬间的变化，让自己沉浸在一片祥和之中，我们瞬间就能找到心灵的平衡。

根据一项科学实验证明，当你进入冥想状态时，大脑的活动会呈现出规律的脑波，此时支配知性与理性思考的脑部新皮质作用就会受到抑制，而支配动物性本能和自我意志且无法加以控制的自律神经，以及负责调整荷尔蒙的脑干与脑丘下部的作用，都会变得活性化。

虽说是冥想，但其方法不胜枚举。有坐禅的冥想，也有站立姿势的冥想，甚或舞蹈式的冥想。祈祷也是冥想、读经或念诵题目也是冥想的一种。但是如果采用不合乎自己的冥想方法时，不但痛苦，更是白费心力，最后只有带来身心的疲劳。《脑内革命》作者春山茂雄认为，看部喜欢的电影、听听最喜欢的音乐（古典、爵士）、兴奋的计划自己的未来，都可以算是冥想的方式。

平日里，我们看到有人遇到烦心事时，常会说："对不起，我要一个人待一会儿。" 这样的人是聪明的，他会通过独处静思，使自己冷静下来，用一种新的平和的心态来重新看待所发生的一切。我们也应该学会这一方法，更可以把它变成一种习惯。每天，最好是在晚上或是清晨，腾出十几分钟、半个小时的时间，找一个无人打扰的地方，静静地沉思冥想，或者干脆什么也不想，闭上双眼，深呼吸——吸气，吐气，再吸气，再吐气。当有杂念干扰你的思想时，你要赶开它们，把注意力继续放在你的呼吸上，一遍一遍重复做。这时候，你心中的浮躁、焦虑、忧愁，就会慢慢地离你远去。你会感受神清气爽，生命的活力又回到了你身上……

冥想是可以使新皮质熟睡的，并且借由旧皮质的功能，提高我们潜在意识的力量。为了进入冥想状态，我们必须使全身的肌肉、细胞以及血液循环等都缓慢下来，只要是任何能使身心感觉舒适的方法都可以。

下面就是正确且比较简单的、适合于我们日常操作的冥想方法和步骤：

1. 准备工作。在开始冥想之前，要穿宽松的背心和裤子，进行简单的解压运动。先轻握拳头，轻柔地按摩腹部，让身体逐渐放松。然后，平躺在地板上，左右滚动躯体，让整个身体的肌肉都能够得到放松。最后，想想自己被包裹在明亮的光芒之中，感觉安逸感和幸福感。

2. 正确的姿势。选择瑜伽中的静坐方式坐定，然后双手的大拇指和食指相抵，其余三个手指伸直放松，把双手放在膝盖上，掌心朝上。而后，放松全身肌肉，逐渐缓解身体的紧张。

3. 冥想的方法。专注于自己的一呼一吸，找到呼吸和身心的统一。也可使用集中冥想法进行冥想，先烧一炷香，选定一个对象，调节呼吸的同时让思绪随着袅袅紫烟一起升华。另外，也可以借助一件旧物进行冥想。

4. 冥想的呼吸方法。经过 20 分钟左右的静逸感觉之后，用 5 分钟的时间进行腹式呼吸。仰卧，将手轻轻放在肚脐上，随着呼吸的节奏收缩腹部肌肉，尽量把所有废气从肺部呼出来。当熟练了腹式呼吸之后即可进入冥想的状态。这时，伴有冥想音乐更有助于进入忘我的冥想境界。

当一个人学会冥想时，他会暂时远离现实世界的喧嚣，找回心灵深处的平静和集中。在这个过程中，不仅心灵得到了最大的安定，我们的身体也得到了最大限度的放松，找回了身体的健康和平衡。随着最近兴起的“Well-Being Life”生活方式，平时理解为属于佛教徒的冥想越来越得到广大平常老百姓的青睐和喜爱。

英国《泰晤士报》也曾报道："冥想是解除压力最好的一种方式。”另有实验证明，经过 8 周冥想治疗的人比正常人更容易感到幸福和变得积极向上，其各个身体指标也比平常人高出很多。

哈佛大学心理学教授泰勒·本·沙哈尔曾经说过："平时生活中忙里偷闲、有规律地做一些冥想练习，会让我们的生活变得简单而清晰。冥想的根本，就是让我们在排斥杂念的同时，认真聆听内心的声音。当你真正接受自身的所有感觉时，才能开始身心合一。和自己的内心沟通，就像盖房子打地基一样，打好地基再盖房子才能更稳固。同样，只有和内心沟通良好的，才能开始构建与他人的关系。”

9. 以愉悦的心情体验平凡的生活

马克思曾说：“一种美好的心情，比千副良药更能解除生理上的疲惫和痛楚。”的确，我们的大脑，会时常收到一些不愉快的记忆，如生活中和工作中的许多不快乐，这些都有可能成为一种伤痛。但这些事早就已经过去了，我们还如此斤斤计较有什么用呢？除了让你的精神饱受折磨外，这些回忆对你一点帮助也没有。

生活中，我们更应该去保持愉快的心情来对待生活。为了解除这些记忆所带来的烦恼，你可以轻松、幽默地来一句：“生活是一团麻，那也是麻绳拧成的花。”这样，你就可以饶有兴味地品味、享受生活了。

在美国，无论是在学校、商店，还是街头，迎面而来的陌生的美国人送给你一句：“Hello，How are you today？”（你好，你今天过得怎么样？）或者微笑着冲你点点头是再正常不过的事。

在美国，平时见面，如果是一般的人，他会说：“你今天怎么样？”“你今天看起来真精神！”熟悉一点儿的人会说：“我喜欢你这件衣服”。如果你去商店买东西，付款前，收银员会微笑着与你打招呼：“你好！你今天怎么样？”付款后会对你说：“祝你愉快！”

美国这种氛围，让人深切感受到美国人对生命的尊重以及对个体价值的肯定。简简单单的一个微笑，简简单单的一句问候，让人的心情一下子明亮起来。

愉快的心情是一种让人积极奋发向上的情绪，是一种对事物好奇的主动尝试，它背后有一股强烈的喜悦和动力，能够使人生活的更加盎然，而且觉得津津有味。这种愉快来自本身的动力，是一种有感而发的快乐。

如果我们每个人都能每天用这样一种态度来对待生活的话，你的生活定然不会枯燥地重复，而且能够体味到更多的快乐。大多数人对许多东西都抱着乐于接触，并从中体验乐趣的积极态度。他们即便是现在再忙，也会抽时间和人闲聊几句，并且还不忘随时保持自己的幽默。

法国的乔治·桑说："心情愉快是肉体和精神上的最佳卫生法。"古代学者董仲舒说："仁人……外无贪而清净，心和平则不失中正，取天地之美以养其身。"说的也是保持良好的情绪和愉快的心情，有益于健康长寿。当你把微笑送给一个陌生人的时候，你心中也会升起一阵愉悦。一句温馨的赞美、鼓励、祝福、问候，可以让人一整天都保持愉快的心情。给陌生人一个微笑，注视着他们的眼睛，说声"你好"，你也同样会得到开心回报。

每天早晨，有一位犹太传教士总会按时到一条乡间土路上散步。无论见到任何人，他总是会热情地向他们道一声"早安"。

有一个叫米勒的年轻农民，对传教士这声问候，起初反映冷漠。因为在当时，当地的居民对传教士和犹太人的态度很不友好。面对年轻人米勒的冷漠，传教士的热情丝毫未减，每天早上他依然会给这个一脸冷漠的年轻人送上一个微笑，道一声早安。终于有一天，米勒脱下帽子，也向传教士道了一声："早安。"

几年过去了，纳粹党上台执政。很长一段时间内，德国纳粹大肆屠杀被他们认为是劣质人种的犹太人。这一天，传教士与村中犹太人，被纳粹党集中起来，送往集中营。

传教士下了火车，正随着队列前行，看见不远处有一个手拿指挥棒的指挥官，在前面挥动着棒子，叫道："左，右。"被指向左边的是死路一条，被指向右边的则还有生还的机会。而那个指挥官竟然就是当年那个年轻人米勒。

一会儿，传教士的名字被这位指挥官点到了，他浑身颤抖，走上前去。传教士绝望地抬起头来，眼神一下子和指挥官的眼神相遇了。传教士习惯地笑了笑，脱口而出："早安，米勒先生。"

米勒先生的表情看不出有什么变化，但仍禁不住应答了一句："早安。"声音低得只有他们两人才能听到。在这生死关头，这位年轻的德国纳粹军官将传教士指向了右边——生还者。

感动人心靠的未必都是慷慨的施舍、巨大的投入、雪中送炭的情谊。有时候，一个热情的问候，一个甜蜜的微笑，都足以在人的心灵中洒下一片阳光。我们的生活或许很平凡，但只要我们能够仔细观察就能发现，其实在这平凡之中，我们所看到的更多的是幸福，因为我们的愉悦心情已经把我们带进了这个快乐的世界中。

快乐的极限是手舞足蹈、欣喜若狂的；而痛苦的极限是度日如年、万念俱灰、生不如死、欲哭无泪等。对痛苦感体验最深的是抑郁症病人。抑郁症的表现形式是：没有明确原因，但就是高兴不起来，自己感到脑子笨、身体难受、自责自罪、悲观厌世、度日如年。这样的一种人生，又有谁会想要呢？

在生活中我们千万不要低估了一句话、一个微笑的作用，它很可能成为你开启幸福之门的钥匙，成为你走上柳暗花明之境的明灯。幸福就是一种简单的愉悦，是由我们自身所产生的一种满足感。如果我们每个人都能够保持这样一种状态的话，那么每一天你都能收获太阳。

其实，幸福的那种愉悦状态，是就生活总体而言的。在生活中出现某种烦恼或痛苦时，只要一想到自己生活总体上是令人满意的，就能从容对待并缓释烦恼或痛苦。为此，我们不妨以一种愉快的心情体验平凡的生活吧，那样你将远离心情的黑暗，永夺生命的希望。

第十二章

无论世界怎么样，都相信自己会越变越好

任何挫折都不是你堕落的理由

在不公平的世界里，做不抱怨的人

谁年轻时没遇见过一两个『人渣』

寻找最初的简单的快乐

取悦全世界不如取悦自己

每天有一个微小但确实的进步

以一颗平静的心，昂首前行

你只需负责努力，剩下的交给时光

1. 任何挫折都不是你堕落的理由

人生的道路崎岖且漫长，在人的一生中充满着成功与失败、顺境与逆境、生存与死亡等矛盾。如工作的失败、生活的穷困、家庭的离散、身体的病痛等。当今年轻人所遇到的挫折，如工作失败、爱情失败、家庭破裂等。

面对挫折我们不能失去信心，不能变得一蹶不振，而应勇敢面对人生中的挫折打击，积极寻求克服和战胜挫折的办法，向人生的下一个目标奋斗。从古至今的一切杰出人物，没有一个是顺风顺水地走向成功的。他们无不是勇敢直面失败和不幸，发奋图强，一个个从失败中奋起，努力走出人生的逆境。任何挫折都不是你堕落的理由，只有紧紧地扼住命运的咽喉，做自己的英雄，并且通过自己的不懈努力，才能最终获得命运的垂青。

20 世纪 60 年代末期，出生在美国威斯康星州的威兰德二十余岁，正值青春年少，他身材高大、魁梧，性格刚毅不屈，学习成绩优秀，美好的人生之路刚刚启航。可惜，美国对越战争爆发了，他应征入伍，很快随部队上了越南前线。

数月之后，在一次在原始丛林中执行任务时，他所在的部队误入雷区，他不慎触雷，下肢被全部炸掉。经过医生的全力抢救，坚强的他终于从死亡的边缘挣扎着捡回来了一条命。他醒来看到自己残缺的躯体，说的第一句话就是：“我不会求助于任何人。”

挫折没有成为他堕落的理由，也没能让他低下高贵的头颅，他选择了向挫折宣战。在他以后的人生中，他践行了他的那句话，努力使自己看起来和普通人没有区别，为此他忍受了常人所无法想象的痛苦。

他不但成功了，还要挑战自己，为此他做出了一个震惊全世界的决定：靠手臂的支撑跑完从洛杉矶到华盛顿大约5000公里的路程。下定决心后，他就一个人默默出发了。历经三年多的艰难旅程后，他终于成功地到达了华盛顿市区。那一刻，整个城市万人空巷，人们捧着鲜花，列队欢迎这位“人生”勇士的到来。

在接受记者采访时，他表示：“我希望自己能成为一名开拓者。希望你们看到我所做的事情，都能鼓起勇气面对生活中的挫折、痛苦。挫折并不是你堕落的理由，它会在你坚强、勇敢、自强不息、永不言败的意志面前不复存在。”

“磨难是人生的另一颗太阳。”挫折和磨难经历得越多，意志力就会越强。会当凌绝顶，一览众山小，战胜挫折的意义和享受，绝不是那些自甘堕落的懦夫所能得到的。人生不如意事十常八九，但我们只要正确面对挫折、分析挫折、藐视挫折，就能最终战胜挫折，就能真正享受人生，不留遗憾，成就自己。

香港演员古天乐在他15岁的时候就早早进入社会为生计奔波。他做过搬运工，在麦当劳当过服务员，还卖过衣服、当过保安……虽然日子过得平淡，但他还算开心。

他20岁那年，发生了一件让古天乐一生难忘的事。当时古天乐20来岁，年轻，有大好的未来，但身边却结交了一群不务正业的朋友，没多久他就因为交友不慎付出了代价。那时的他讲义气，愿意为朋友两肋插刀，而换来的结果却是因为抢劫一位女子而成为抢劫犯……

但打击还不止这些，在他进去坐牢前，他拜托最要好的兄弟照顾他的女朋友，谁知不久就传来消息，他的女友和他最要好的兄弟成了恋人。这消息就像炸弹一样，后来他经受不住这样的打击，开始破罐子破摔，在牢里打架，打一次就增加一个月的刑期。当时的他非常冲动，因为打架，刑期由一年增加到两年。

坐牢，加上女友、兄弟背叛，双重打击让古天乐心灰意冷，眼看着他就要坠入无底的深渊。幸好，在这时有一个70多岁的修女在牢里教他怎样做人，她告诉古天乐，挫折打击不是他堕落的理由，要正视自己，要强大，要越挫越勇，不可以永远躲在自己的躯壳内，在原地踏步。

23岁时，古天乐作为旁听生参加了TVB电视艺员训练班，毕业后就进入了TVB，成为一名职业演员。

不过，古天乐的演艺生涯也并不顺利。有一次做节目时，著名演员周慧敏以为身边不声不响的古天乐是个打杂的，在众目睽睽之下让古天乐去给她买咖啡，古天乐照做了。以前的经历让他懂得了面对挫折时应该怎样应对，他没有因为周慧敏的一句话而受打击，一蹶不振，而是把周慧敏的话默默地记在心中，他发誓要努力工作，成为受人尊敬的演员。

鲁迅先生曾说："真的猛士敢于直面惨淡的人生！"从挫折中奋起，将是你成就事业的起点之所在。

空气对老鹰形成阻力，但是，老鹰能借此展翅翱翔，如果没有空气，老鹰就无法飞行。挫折是我们生活中的组成部分，那种没有烦恼或挫折的生活是不存在的。面对困难，凡事逆来顺受、自甘堕落，不作抗争就屈从于命运安排的人是懦弱的。只要有一线希望，我们就应该付出百倍的努力去争取，因为只有努力争取才有可能实现梦想。

2. 在不公平的世界里，做不抱怨的人

很多人觉得这个世界太不公平。对，世界是不公平的。却很残酷，也不要抱怨，它只是不偏袒还没有努力的你而已。

社会上有太多的人喜欢抱怨。孩子考试没考好，父母问起来，他就会说，不是我没好好学习，是老师的课讲得不好；工作中，你的一个任务没完成，受到上司的批评，你会说，这不是我的问题，都是因为客户太变态。

抱怨是最消耗能量的无益举动。抱怨现在，就是在伤害未来，抱怨只会让你失去更多。

晓林高中的时候对英语不感兴趣，考试经常不及格，这令他很不开心，他很羡慕班级里那些轻松就能考高分的尖子生们。他常常抱怨自己没有人家那么好的天赋，幻想着如果自己英语好的话，也能像他们一样考入名牌大学。临近毕业，晓林的英语还没有长进，于是他放弃了学习英语，天天在抱怨中迎来了自己的高考。

好不容易晓林考上了个三本，上了大学之后，他又抱怨学校的学术氛围不好，教学设备也比较落后，所以没好好学习专业，大学毕业后也没找到太好的工作，进入一家工厂做技术工作。

高中同学聚会的时候，他遇到了高中时候的同桌。一番打听之下，才知道当年连专科都没考上的同桌现如今都是个老板了。当年没考上大学，他这个同桌就和家人一起做小生意，生意现在越来越大，在小城市里买了房、买了车，

有老婆孩子，吃喝玩乐，生活惬意。

晓林又开始了抱怨。他觉得世界真不公平，他好不容易考上大学，毕业之后起早贪黑的工作，一个月挣得的这点工资竟然还不够人家老婆买的一个包。

晓林又开始抱怨世界不公平。但当初高中的时候，他只看到了人家尖子生的成绩，却没看到人家背后的努力；考上三本之后，他天天抱怨环境不好，但他没看到学校每年也有好多考上名校研究生的同学；现在他看到了高中同桌的成就，但是他在工厂里，天天抱怨工作的枯燥无趣，虽然起早贪黑，但是没怎么用心，缺乏主动性和上进心。

像晓林这样的抱怨完全没有任何益处，只会让他在人生路上越输越多，和别人的差距越来越大。抱怨使他失去了努力的心态，与其这样抱怨，不如自己努力加油，让自己变得强大，这样才能做好工作，获得更大的成就。

在电视节目《超级演说家》第三季中，崔万志的演讲让人印象深刻。崔万志出生在一个普通的农民家庭。出生的时候因为难产，身体落下了残疾。

上高中那年他的分数在县里名列前茅，被一所重点高中录取了，但是后来校长发现他是一个残疾人，把他赶出了校门。他爸爸在学校门口跪了两个小时，崔万志才被勉强接收。

上大学的时候他选择了一个比较偏僻的大学，很幸运地被录取了，大学毕业之后找工作的时候，他天天跑人才市场，投了上百份简历，没有一家单位要他。有的招聘官看也不看他的简历就让他走开。

从那以后，他再也没有去找工作，这些经历让崔万志的心里非常绝望，但是他要养活自己。

这种强烈的愿望让他不再在乎别人对他的看法，也不再抱怨，不再难过。他开始摆地摊卖旧书、卖卡片，他两天吃一顿饭，就这样坚持了半年，他开了自己的一家小书店，后来又开音像店、开超市、开网吧，他的书店被烧过，超市被偷过，网吧被拆了一次又一次。

后来他开网店失败把自己所有积蓄全亏光了，再后来他又成立了自己的电子商务公司，又欠了400万元的债。但是所有的委屈、所有的挫折他都深藏心底，他知道抱怨没有用，一切要靠自己，就这样，他一直坚持着，直到把他的旗袍品牌做到了淘宝天猫商城的第一名。

世界是一面镜子，照射着我们的内心，我们内心是什么样子，这个世界就是什么样子。选择抱怨我们内心就会充满着痛苦、黑暗和绝望；选择感恩我们的世界就充满着阳光、希望和爱。面对命运的不公，崔万志没有选择抱怨，而是怀着感恩之心，面对不断挫折不断奋斗，让人钦佩。

如果你想要变成强者，就要配上强者的心。强者知道这个世界不公平，更明白自己能在规则之下做到什么程度，在没能力颠覆世界规则之前，不要抱怨，默默地为自己的目标努力。强者之所以为强，就是明知道规则，顺应了规则，最后强大到自己创造了规则。

远离抱怨，让我们为自己创造美好的生活，让这个世界充满平静喜乐、活力四射的正能量。为自己创造心想事成的无怨人生！

3. 谁年轻时没遇见过一两个“人渣”

你是不是也经历过这样的伤心？曾经很用心地爱过一个人，结果被拒绝；很用心地交过一个恋人，最后被抛弃。现在会对别人有好感，但已失去了爱的勇气。一发现别人的小缺点，好感也就会立马消失。到最后仍孤独一人，难以再去爱上别人了。

赵薇执导的电影处女作《致我们终将逝去的青春》票房大卖，这部以一个大学宿舍里四位女生的青春轨迹为内容的影片，感动了许多观众，片子充分展现了青春的残酷。影片中，四位女生各有各的烦恼，而最具悲剧性的，那一定是阮莞了。阮莞虽不是女一号，但其美丽大方却不输于女主角郑微，全校男生都喜欢她，女生也嫉妒她，她还能轻易摆平宿管科的猥琐男人。

然而，她的男友赵世永很渣，阮莞为了他去借钱，带着他搞大肚子的女人去打胎，火车上，她哭得那么惨，可还是原谅了男友。

后来阮莞因为男友对她怀孕的事的反应而决定分手，可她还爱着他，对他一往情深，难以忘怀。

最后，快要结婚的阮莞接到了前男友赵世永的电话，说要一起看一场最爱的乐队山羊皮的演唱会，当作对青春最好的结局。但是，心急如焚的她在过马路的时候，被疾驰而过的车撞死。

“微微，永远不要因为害怕，就不再爱，因为，在我心里，郑微永远是那个为了爱勇往直前的玉面小飞龙。”两句对女主角的劝告话语之后，阮莞永远地闭上了双眼，就这样香消玉殒……

阮莞的青春是不朽的，电影里所有的人物在爱情里都经历过变心、周旋、徘徊，唯独阮莞义无反顾地爱着赵世永，最后也因赵世永而死。这就是她最伟大的地方，死在青春永恒的时候，也死在追寻爱的路途中，这是她最壮烈的青春。

谁年轻时没遇见过一两个“人渣”，但我们不要因此对爱情失去希望，不要对未来失去信心，更不能失去爱的能力，要始终相信爱的力量，爱自己、爱家人、爱花草树木、爱万事万物、爱这个世界。

每一段爱情开始的时候，总是美好的，它让我们全身心地投入，以表达心底的爱意。但如果最后还是要分开，也不要再抓着不放，不要再心怀恨意。在心里说句“走好不送”，山高水长，两不相干，要放过自己。

仅仅是爱，不一定能够让两个人走到最后，但因为有爱，我们对每一段爱情都该认真对待。所以，别刻意和前任有什么瓜葛，别为了前任而彻底否定原来的自己。那个人，存在你的记忆里就好。

曾经风靡全国的韩剧《我叫金三顺》，讲述了平凡的女主人公金三顺勇敢、坚强地面对生活中的各种困难，最终找到自己幸福的故事。

女主角金三顺因其乐观可爱深受观众们的喜爱。不管是面对爱情，还是人生，她永远散发着一股正能量。在她眼中，好像没有是一顿炸酱面解决不了的事情，在她得知自己喜欢的男生一直有喜欢的人后，她没有气馁，面对工作，依然专注而努力。

她坚持写做蛋糕的笔记，像对“初恋”一样温柔地对待手中每一个面团。她三十岁，长相普通，但她发现“不放入发酵粉的小面团可以自由呼吸”，便要努力做个“不放发酵粉的人”；她努力爬上汉拿山时说：“我是喜欢你，但是没有你我也可以活得很好。”

“去爱吧，就像不曾受过伤一样。”这是金三顺教会我们最重要的事。她的可爱在于她坦然自在、不矫情。故事的最后，她和喜欢的男生有没有在一起好像都不那么重要了，因为像她一样笃信生活、坚信爱情的人，人生之花必将开得绚丽芬芳。

爱情并不是生命的全部，它会在该出现的时候出现。何必在爱情结束的时候，失去原本可贵的天真与坦荡？正确的心态当是“即使失恋，也不愁眉苦脸，永远保持微笑，你不知道下一秒谁会爱上你的笑容”。

我们总是一个人，游走在陌生的城市边缘，听着伤感的歌曲，随着汹涌的人潮，看着陌生的风景。我们都在寻找属于自己的幸福，人生其实就是一个寻找爱的过程，每个人一生都会遇到三种人，你爱的人和爱你的人，还有那个和你白头偕老的人。

并不是每一段感情都会有结果，谁年轻时没遇见过一两个“人渣”，也许这一场爱情是情深缘浅，下一场就缘定终生了，去爱吧，像不曾受过伤一样。

4. 寻找最初的简单的快乐

不是无意间抬头，就很难看到湛蓝如洗的天空；不是放眼远望，就会忽略了天边的云彩；不是深呼吸，都早已忘记了泥土的味道。

生活在繁华都市里的我们是不是早已经忘记了那最初的美好和最淳朴的简单？我们每天穿梭于钢筋水泥的丛林里，醉心于自己的功名利禄，忙碌着自己的业绩，违心地应酬着，沉湎于纸醉金迷之间，有时会笑容满面，有时会虚荣傲慢，却没有了最初的那份真挚，更多的是虚伪的造作。现实生活给我们戴上了虚伪的面具，它像一个无形的枷锁，禁锢了我们，让我们失去了最初那简单的快乐。

有首歌唱得好：我曾经翻山越岭去寻找快乐的出没行踪，磨深了眉头的痕迹，却忘却了我的最初的单纯的念头，曾大声地抱怨过，我为什么如此的不快乐？直到这一天我发现你，你原来就在我旁边，原来简单就会快乐。

有一位中国去美国读MBA的留学生，在华尔街附近的一家餐馆打工。一天，闲暇时，他雄心勃勃地对着餐馆大厨说："你等着瞧吧，别看我现在每天只能刷盘子，但总有一天我会打进华尔街的。"

大厨好奇地问道："年轻人，你毕业后打算做什么呢？"

MBA很自信地答道："我打算毕业之后，马上进入一家世界500强的跨国公司工作，不但收入高，还有前途。"

大厨摇摇头说："我没在问你的前途，我是在问你将来的工作兴趣和人生目标。"MBA一时语塞。他没搞清楚大厨的意思。

大厨却长叹道："如果经济低迷再这样持续下去，餐馆再这么不景气，那我就只好去做银行家了。"

留学生惊得目瞪口呆，觉得自己是不是听错了，眼前这个一身油渍葱花味的厨子，怎么会跟银行家扯得上关系呢?

大厨对一头雾水的MBA解释道："我很久之前就在华尔街的一家投行上班，那时候加班到深夜是家常便饭，工作压力特别大，没有半点时间做自己喜欢的事。我从小都很喜欢烹饪，家人朋友都很欣赏我的厨艺，他们每次称赞我烧的菜的时候，我都会很高兴，也会很有成就感。直到有一天，我在凌晨一点钟加班结束，啃着令人生厌的面包充饥时，我终于忍不了了。我下定决心要辞职，摆脱这种枯燥乏味的刻板生活，以我热爱的烹饪为职业，做了厨师之后我又找回来小时候我初学烹饪时的那种快乐，现在我的生活比以前要愉快百倍。"

由此可见，快乐不是要赚很多的钱，也不见得要有多大的成就，在简朴平淡的生活中，做一份自己心仪的工作，找到属于你自己最初的简单快乐，也是一种不错的人生态度。

水中的杂质越少，水就越清澈，虽然少了些许不同的味道，却也清澈明白。人生看淡的诱惑越多，便似缺少了许多做人的乐趣，实则不然，摒弃这些欲望，会让你的心更加简单，从而去掉不少的烦恼。享受，皆以付出为代价。演的角色越多，你活得就越累。淡然之心，使人简单；简单之人，哪有不快乐的呢?

在寻找最初的快乐和简单的自我时，以下事情值得推荐。

1.多和家人待在一起。

和家人聚餐不失为一个好主意，花更多的时间跟自己爱的人在家度过，会让你发现更多单纯的快乐。在夜晚跟家人做个小游戏，彼此谈论和分享一下生活的种种遭遇，都会让你开心放松不少。

2. 多做运动，放松自己。

还记得小时候在街头踢球时的乐趣吗？现在的你是否为了多做点家务，而牺牲掉了自己周末放松的时间？选择让自己放松的运动，和朋友打打球，玩玩儿时喜欢的电脑游戏，看看书或是泡泡澡，这些简单易行的运动，让你找到简单的快乐。

3. 远足，到户外呼吸一下新鲜空气。

没有什么事能比亲近自然、呼吸新鲜空气更令人心情愉悦的了。在自然中，你可以从内心的纷扰愁绪中解脱出来，意识到自己只是大千世界中的一粒微尘，享受那片刻的宁静。任由自己在大自然中徜徉，让简单的快乐之感沐浴全身，洗尽铅华。

4. 尝试放下，过无压力的生活。

快乐、简单生活的最大威胁来自我们挥之不去的紧张与不安。如果听之任之，它们将会破坏你的快乐生活。一旦发现压力过大，就要赶快想办法处理，避免让压力成长壮大而造成你生活中的紧张局面。

5. 做自己热爱的事。

快乐就是:立足脚下，勇于面对，掌控自己，接纳别人，热爱自然，热爱生命。人生最重要的是要做自己热爱的事，永远别忘了什么事情对你来说最重要，同时这也是寻找到自己快乐的不二法门。

我们要活得简单快乐不太容易，却能轻而易举地把生活弄得很复杂。只要我们凭着本心的善良，去对待万事万物，去体验生命里的美丽，去享受人世间的温暖，我们的心灵会变得简单和快乐许多。一切顺其自然，不为拥有的而欣然，也不为失去的而痛惜。这种状态下的人，热爱自然，热爱人生，以平和的态度待人接物，不为外物所累，不沉迷于欲望的海洋。这种自然获得的纯真的快乐是一种充盈，也是一种生命本来的美好。

5. 取悦全世界不如取悦自己

小时候，上学时，我们害怕孤单，所以总想着要讨好小伙伴，这样就不会孤身一人走在路上。

长大了，工作后，总想要讨好同事们，不然会显得孤僻、不合群，这样容易遭人排挤。

和长辈们在一起，也想着要努力讨好他们，这样就会被认为乖巧懂事，他们会认为你这样很是孝顺知礼。

从小到大，我们一直在努力地讨好全世界，讨好所有人，唯独忽略了我们自己的感受。我们努力地想得到全世界的认可，可是就算讨好全世界，自己也并没有感到有多开心。

白勇今年 25 岁，家里的长辈给他安排了一场门当户对的相亲，见过一面之后，姑娘对媒人说对他还算满意，意思是可以继续交往。但他对那个姑娘却一点兴趣都没有，结果家里的七大姑八大姨都跑来说服他，为了避免接下来的几十场的相亲，在家人的逼迫之下，他只有妥协，他和这个姑娘结了婚。可是一年后，他们的婚姻还是以失败而告终。

谈起这段经历时他说："这段经历让他只有去妥协，好像不是我自己的事，似乎不结婚就是我的不对，不结婚就犯了一个天大的错误。整个家族都给我施加了很大的压力，我爷爷奶奶甚至以绝食来威胁我，可是结婚后，我们根本不幸福，我们俩的价值观不一样，天天吵架，我从心里不接受这场婚姻，不想再为了长辈牺牲自己的幸福，今后我想为自己而活。”

很多事情，我们明明不想做，却不得不去做，这实在是一件很痛苦的事情，如果违背心意做了一件自己并不想做的事，很明显，这会让你自己很不快乐。

生活中，总有些人会很在意他人的眼光，喜欢取悦别人，自己则处处小心谨慎，殊不知，人一旦失去了自我，就失去了快乐。

你有认真思考过总是取悦他人需要付出的代价吗？一个人失去了自我，忘记了自己真正需要的是什么，没有听到自己内心的声音，这样忽略自己的感受，都没有好好成为自己，又如何能够有所成就呢？

安睿读书的时候是一个很特立独行的人，在班级里属于奇葩一般的存在。

他并不高傲,但是会友好地拒绝同学们的一些要求。在这样一个不太成熟、缺乏主见的年龄段，知道自己想要什么，会拒绝，就已经是一件了不起的事了。

大家对他的态度褒贬不一，有人承认他很有主见，羡慕他的自在；也有人笑话他的做作；更有甚者认为他太自大。可是当大学快毕业的时候，那些沉迷在社团活动和人脉关系中的人，慌张地开始找工作、找实习，看着自己空空如也的简历，又怕又忙，狼狈得厉害。

而安睿还在不紧不慢地生活着，直到毕业时大家才知道，他早就凭借优异的专业成绩和实习经历找到了好几家公司，他要做的只是考虑继续读研还是去工作，而笑话他的那些以前在学生会呼风唤雨的人如今还在慌不择路，不知道往何处安身呢。

在一次新闻发布会上，有记者问美国著名导演比尔·寇斯比成功的秘诀，比尔·寇斯比答道：“我没有什么成功的秘诀，不过有些失败的教训——就是做人不要刻意去取悦所有的人。”

人海茫茫，你我若有缘相遇，则可互相理解帮助，或引为朋友，都不失为一件幸事；但若是缘尽于此，那便井水不犯河水。

不要把自己“逼”成一个烂好人，不要因为他人那点破事而牺牲自己的时间。对别人一味地谄媚讨好说明你自卑，你以为你乐于助人，但实际上这只会让你掉价，让你丧失自己的主动权，最后变成大家眼中的“老好人”“没实力”“没底线”“没思想”的一类人。

你不需要那么多的朋友，也不需要被那么多人喜欢，比起取悦全世界，不如取悦自己来得快活自在。

6. 每天有一个微小但确实的进步

职场中我们常常听到类似这样的话：

“蔡老板又拒绝签约。”

“王先生看了好几回车子了，却都没下订单。”

“这房子柳先生不要了。”

“这件大衣李小姐看了好多次，就是不买下来。”

这些话中提到的都是结果，但却忽略了更重要的关键所在：为什么你每一次有没有更进一步？上次，王先生来看车没买，这次再来的时候，你都做了什么？下次他来你打算怎么做？成功的人在自己前进的每一天都在经营筹划，不断进步。

如果你想获得成功，有一个很简单有用的观念，就是每天都坚持多进步一点、多学习一点、多付出一点，这些微小但确实的进步长期累积下来，就能创造出非凡的成绩，累积出比别人多的成就。

“每天做一件实在事”是企业家鲁冠球常说的一句话。1969 年，鲁冠球东拼西凑了 4000 元人民币，带着 6 个农民，创办了宁围公社农机厂。到如今，发展成了资产近百亿的万向集团。从 4000 元创业到每年数百亿元营业额,这些年来，鲁冠球经历了不少挫折和磨难。

鲁冠球有个信条：一天做一件实事，一月做一件新事，一年做一件大事，一辈子做一件有意义的事。

生活中有很多人喜欢走捷径，什么事都想做，反倒是欲速则不达。善于思考的人，都明白欲速则不达的道理，要争取每天进步一点，就能慢慢变得更好。这样做的人，早晚都会成功。

每个人的成就都是在我们每天的工作和生活中逐渐累积下来的，即使你没有发现，但人几乎每天都在变化，只是有些人变得多，有些人变得少，有些人在退步。所以我们要争取进步得快些，争取每天都能取得一些实实在在的进步，只要比别人多进步一点，总有一天你会赶超别人，获得更大的成就。

在 1985 年的美国职业篮球联赛中，传统强队洛杉矶湖人每个位置上各位球员的能力都已达顶峰，所有人都认为他们赢得冠军是手到擒来。但让人意想不到的是，他们在决赛时输给了波士顿凯尔特人队，这让球队士气极度受挫。

湖人队教练派特雷利不想让自己和球员一直在沮丧中停滞不前。为了让球员重整旗鼓，他告诉大家说:“从今天开始，我们可不可以罚篮进步一点点，传球进步一点点，抢断进步一点点，篮板进步一点点，远投进步一点点，每个方面都能进步一点点？”球员们都不假思索地答应了他的要求。在之后一年的训练中，球员们从失败的阴影中走出来了，他们只是想着让自己“进步一点点”，靠着这样的想法，不断地提高自己的球技。

在次年的美国职业篮球联赛中，湖人队最终不负众望，轻松地夺得了美职篮的冠军。教练派特雷利在获得冠军的时候，对球员们说：“我们的成功不是偶然的，大家想想，我们 12 位球员一年中在 5 个技术环节方面分别进步了 1%，所以一个球员就进步了 5%，全队就进步了 60%，在球技上处于巅峰的湖人队，提升了 60%，甚至更高，所以我们获得出人意料的成绩是理所当然的。”

不积跬步，无以至千里；不积小流，无以成江河。在执行目标的过程中，我们需要对过程中每个阶段、每个方面、每个步骤的执行都进行强化，然后才能逐步接近并达成最终目标。简单说，就是通过每天微小的进步，一步一个脚印地走向你的最终目标。

你可以问问自己，昨天你进步了吗？上个月你做了件什么实事？上半年你又有什么成就？你做了什么大事？如果没有，下半年你打算做什么？按照这样的思路来要求自己，每天有一个微小但确实的进步，人就会变得积极起来。

如果你的工作是销售，只要你每天比别人多卖出一件商品，那么一个月下来就能比别人多几十件；如果你是工程师，只要你每天晚上比别人多钻研技术一个小时，一个月下来就比别人多了 30 小时的专业知识。

每天都进步一点，这个进步不一定是什么了不起的成就，可以是很微小的进步，不要给自己压力，能让你更好地坚持做下去。如此，虽然微小但这实实在在的进步，总有一天会取得不凡的成就。

就拿我们读书来讲，你并不需要强迫自己一个礼拜一定要看几本书，你只需要确保自己睡前都阅读一个小时就好了，长久下来，就能有足够的累积，只要养成每天阅读一小时的习惯，时间一久就能让你产生质变。

改变这件事情就是这样，没办法立刻收到最大的效果，你只能藉由每天的小改变，来造就未来的大改变，这也是改变这件事困难的地方，改变需要持续不断的累积，只要确保每天都比昨天更好一点、多学一点，人生就能朝更好的方向前进。

7. 以一颗平静的心，昂首前行

我们每天都在熙熙攘攘地忙碌着，很多人都会觉得活着很累，这来源于生活最真实的感受，当我们发出这般感叹的时候，向窗外望去，窗外是一棵棵突兀的景观树，在来回穿梭的人群中艰难而孤独地摇曳着。我们生活在一个浮躁的社会，竞争激烈的社会，这让我们的内心充满了不安定。

出生在美国纽约的梅纽因年纪轻轻就在小提琴演奏领域展现出了惊人的才华，成为家喻户晓的人物。

他从来没有在正规学校上过一天课，仅仅凭着自己过人的天赋就在小提琴领域取得了让人惊羡的成功。他 13 岁那年就成为小提琴大师，在世界各地进行演出，享受着人们的尊敬与追捧。

然而，就是这样一位年少成名、让无数人艳羡的天才，内心却充满了种种不快乐。他的眉头总是皱到一起，整天愁眉苦脸的。随着年龄的增长，他越来越浮躁。他觉得命运似乎总喜欢捉弄自己，总是在给他设置障碍和麻烦，比如在人际交往中发生的不快，或者是他不愿意参加的演出，都让他大伤脑筋。

他的情绪越来越低落，甚至就连他最喜爱的音乐都无法带给他心灵的安静了。内心的不安和惶恐让他对一切都失去了兴趣。于是在 19 岁那年，身心极度疲惫的梅纽因做出了暂时退出舞台的决定。

离开舞台之后，梅纽因本以为过一段时间之后就能恢复过来。可是后来他发现不论他做什么事，他仍旧会因为外界的压力而不开心。

最终梅纽因渐渐发现自己不开心的原因就是因为这个世界的浮躁，生活中总充满了摩擦和不快，这些不安定的因素是最大的原因。以前他总认为这一切都是他所处的环境带来的，才会让自己如此不快乐，可现在他所处的外界环境变了，自己却仍旧不快乐，由此可以得出一个结论——不安定的并非因为环境，而是自己没有一颗平静的心。

很多时候，我们为生活所累，我们的烦恼，一小半来自生存，一大半来自攀比。内心那个原本独善其身的自我，在光怪陆离的物欲诱惑面前，不战而降，没有反抗，只能在痛苦中挣扎。迷失了本心，内心只剩下空虚，要靠各种欲望来填满，要彰显人生的成功。如何能使自己在喧嚣的世界里享受心灵片刻的安宁？换个角度而言，不是世界太浮躁，而是自己看不穿。

当然，平静的内心不是坐下来想想就能轻易拥有的。很简单，有时候也会很难。至少需要你拿得起、放得下、想得开、看得远。当你的心变得安宁时，宾朋满座也不会眼花缭乱，曲终人散也不会身心孤独，获得成功也不会欣喜若狂，遭遇失败也不会心灰意冷。

当你的心变得安宁时，迎接生活的鲜花美酒将平静而坦然，面对生活的烦恼将镇定而洒脱。世上，有人才华横溢，有人倾国倾城，有人富甲一方，有人一呼百应，但我们更应当执着于内心的那一份宁静，并在漫漫人生路上静静地寻找光明。

演员陈道明在演艺圈中是一个异类，在这个纷扰的圈子里，他冷眼旁观，用平静恬淡的心态应对这纷纷扰扰的世事。他儒雅的个性和精湛的演技使他深受观众的喜爱。

当年他刚进剧团后并没有一鸣惊人，龙套一跑就是六七年。那时候剧团都是吃大锅饭，大家的收入相差不大。人生起步阶段的他没有什么急功近利思想的影响，这让他拥有了一个平淡的心态。

直到改革开放后，他出演了《围城》这部电影，一夜成名。那时，他也有点飘飘然，面对记者的采访都十分热情，对媒体更是来者不拒，甚至还会亲自去聊天室和粉丝互动。

不过，很快他就厌倦了这样的自己。“没过两三年我就明白了，我不可以这样，如果你是精神上的暴发户，你的生活质量会很差，所以我很快就调整过来了。”

陈道明觉得，那段时期他浮躁的生活状态有些可笑，也比较可怜。“摇头晃脑地，觉得自己是回事儿，莫名其妙，有时候拎不清个性和狂妄。”

除了演戏，陈道明仿佛与整个文艺界都若即若离。熟悉他的人都知道，陈道明不喜欢应酬饭局。他早已在阅世修心的岁月里炼就了平和与淡定的心境，让他把和人应酬的精力全都放到了表演事业上。

心灵的安宁，或许是人一生中最重要的东西，因为浮躁的心只会使人空虚、疲惫、茫然。

生活中，我们要学会用淡泊的心态面对世界。淡泊不光可以明志，更可以让人卸下名利及一切，让高雅的气度和高尚的情操交融互补，相映生辉。淡泊者能够“不以物喜，不以己悲”，让心远离令人烦忧的熙熙攘攘，遇事不管顺逆，皆能泰然处之，酸辛苦辣，人生百味，均受之若饴。清心寡欲，收拾心情出发，把名利看淡一些，就能扫除前行路上不少心魔障碍。

拥有这种平淡的心境，屏蔽不必要的干扰，浮躁就会渐渐减少，心灵就会越发清静。“任尔东西南北风”，以淡泊的心态处世，用简单解决复杂，会使我们活得有滋有味，不再心累神伤；也可以让我们自由自在地前行在人生未知的道路上，看到常人难以欣赏到的美丽风景。

8. 你只需负责努力，剩下的交给时光

在人生的旅途中，不要总是怀疑生活欺骗了你，因为生活的好坏从来只取决于自己。未来是那么遥远，不如把握好现在，听从你内心的声音，怀着对未来所有美好的期许，大胆地追逐想要的，去坚持，去努力，去奋斗，剩下的交给时光就好了。

不要对未来患得患失，也不要好高骛远、急功近利，明天终将到来，你要做的是用最美的姿态、最好的自己，去迎接明天初升的太阳。不必在烦恼上浪费过多时间，谁的青春不迷茫？不用着急，你的努力和坚持配得上一个更好的答案。

小虎是北京一家健身房很有名气的教练，旁人问起他的理想时，他的回答发人深思，他说他从来没想过自己会当健身教练。

小虎 11 岁那年开始接触拳击，训练了几年之后，开始跟着教练到处去比赛。在比赛中他收获了一些奖项，身体也强壮了不少，然后慢慢接触健身，开始时自己练着玩。练了一两年，他发现自己身体也长成熟了，进步特别快，于是去参加了一些健美类的比赛。

之后，他的教练让他帮忙做助教，他就帮着做了一段时间，后来教练看他干得很好，就让他去考健身教练的各种资格证。从 11 岁开始，到他真正当教练差不多用了十年时间，他就是这么走上健身教练的路，从老家的训练馆，一步步走到了北京的健身房，慢慢这么走过来的。

著名教育培训机构新东方流传这样一段话：“如果从一开始就选择可以自我实现的工作，并对所钟爱的工作全心投入，只要公司体制完善，机制健康，加薪晋职这些物质和精神的收获，就变成了随之而来的副产品。”像健身教练小虎这种人，他们有一种韧劲，还有一种只顾低头努力、剩下的交给时光的豁达。

小薇的家庭条件不太好，但毕业之后她并没有直接工作，而是选择了考研。然而她本科只考了一所三本院校，这意味着她会面临比一般学生考研还要大的压力——她没钱报辅导班，没钱买更好的资料与信息，甚至连她几份兼职赚的钱也只够自己的学费与生活花销。

可她还是义无反顾地走上了艰难无比的考研路，只是为了能登上一个更高的人生舞台，接触更优秀的人，看看外面更大的世界，她当够井底之蛙了。

小薇本科的成绩一般，从来没得过高成绩，也没拿过各种奖学金，班级排名甚至都不曾进入前十名。她没有把她的志向告诉任何人，因为别人都会觉得以她的资质不可能实现什么“伟大理想”。虽然小薇的确会担心别人嘲讽的眼神，但在她收起豪言壮语的时候，也隐匿了自己的懦弱和懒惰，她开始一声不响地积攒力量。经历了一番默默前行之后，小薇成为了一所985院校的研究生，又在三年后成为了另一所重点大学的在读博士生。

能达到这样的成就，她只是更加专注地追求当下那一刻她要做的东西而已，她没有任何负担地去拼命实现了自己的理想。

她想要变优秀的决心已经深入骨髓。她依靠着自己一步步的潜心努力决定了自己的未来，而在这个过程中，她没有要求任何人与之分享痛苦，她不逃避孤独，也不抱怨世界不公，她默默独行，完成好每一阶段的目标。她从未抛弃梦想，所以最终梦想也没有抛弃她。

有一句话说得很有道理，对别人的嘲讽和冷漠，你气愤是因为你无能。还有一句话说得也很好，所谓梦想，就是永不止息的疯狂。

一旦你放弃了本该安逸的生活，而主动地选择一条更艰难的道路，它就是你的心之所向。剩下的，你只需要相信你能够坚持下来，默默地努力，即使没有达到预期，这个过程也会让你有所收获。

每个优秀的人，都会有一段沉默的时光，那段时光里，你毫无保留地努力，忍受常人不能忍的孤独和寂寞，你不抱怨不诉苦，日后说起时，连自己都会热泪盈眶。一个人，不管经历怎样烈日暴雨，但是人生之路漫漫，只管前行就好，其他的交给时光，终有一天，你会变成你曾经期待的模样。